tipp
tipp
tipp

Chris Köver
Daniela Burger
Sonja Eismann

Hack's selbst!

Digitales Do it yourself für Mädchen

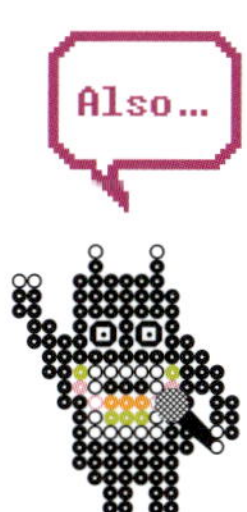

BELTZ
& Gelberg

Daniela Burger (links), * 1969, hat vor vielen Jahren als ersten Rechner einen von ihrem Opa ausrangierten Atari bekommen und ist heute immer noch faziniert davon, wie Computer unsere Welt erweitern. Ihre Vorliebe für Teppiche kann sie inzwischen mit einem Teppich-Mousepad ausleben. Sie arbeitet als selbstständige Grafikerin in Berlin.

Chris Köver (Mitte), * 1979, hat mit 20 Jahren ihre erste Webseite gebaut, auf der alles blinkte, und verbrachte fortan viel Zeit im Netz. Es ist also kein Zufall, dass sie als Journalistin am liebsten über Technik und Netzkultur schreibt. Sie mag Dinge, die im Backofen aufgehen, beneidet Menschen, die richtig programmieren können, und fühlt sich eigentlich vor ihrem Laptop so richtig zu Hause.

Sonja Eismann (rechts), * 1973, hatte beim allerersten Computer, an dem ihr Vater sie vor über 25 Jahren tippen ließ, immer Panik, dass alles explodiert, wenn sie eine falsche Taste drückt. Diese Angst hat sie heute zum Glück überwunden und haut als freie Autorin und Uni-Dozentin von Berlin aus unbekümmert zu Themen wie Feminismus und Mode in die Tasten.

Zusammen geben die drei das Missy Magazine heraus.

www.beltz.de

Werderstr. 10, 69469 Weinheim

Neue Rechtschreibung
Redaktion: Carolin Eichenlaub
Umschlag, Innengestaltung und Illustrationen: Daniela Burger
Gesamtherstellung: Beltz Bad Langensalza GmbH, Bad Langensalza
Printed in Germany
ISBN 978-3-407-75410-3
1 2 3 4 5   19 18 17 16 15

EIN HOCH AUF DAS EXPERIMENT!

Hacken heisst besser machen

Hier dreht sich alles um die Dinge, die man mit Technik und Computern selbst machen kann. Wir und viele andere nennen das begeistert: „Hacking“.

Hackerinnen sind neugierig. Sie lieben es, Dinge auseinanderzunehmen, um sie auf andere und bessere Weise wieder zusammenzubauen. Ihr Ziel: Die Grenzen des Möglichen erweitern – und auf dem Weg dorthin stellen sie gerne ein paar Regeln auf den Kopf.

Klingt aufregend? Das ist es auch. Und das Tolle: Hacken kannst du im Grunde alles – vom Fahrradlicht bis zu den Regeln der Gesellschaft.

Technik wird oft gegen uns eingesetzt, etwa um unsere privaten Daten zu sammeln. Deswegen ist es umso wichtiger zu verstehen, wie digitale Technologien funktionieren. Setze sie für deine Zwecke ein, indem du über Themen bloggst, die dir wichtig sind. Sende deine Stimme per Podcast in die Welt und vernetze dich mit anderen, um gemeinsam stark, laut und aktiv zu sein!

Es gibt eine lange Geschichte von Frauen, die Technik lieben, auch von ihnen erzählt dieses Buch. Wir wünschen uns, dass dies erst der Anfang ist und dass in Zukunft noch viel mehr Mädchen und Frauen programmieren, hacken und ihr Wissen verbreiten. Mehr dazu findest du auf: www.hacks-selbst.de.

Zu allen Anleitungen findest du folgende Angaben:

- Personen
- Zeitdauer
- Kosten

Chris Köver, Sonja Eismann und Daniela Burger

Hier geht's los!

hack's selbst!

inhalt

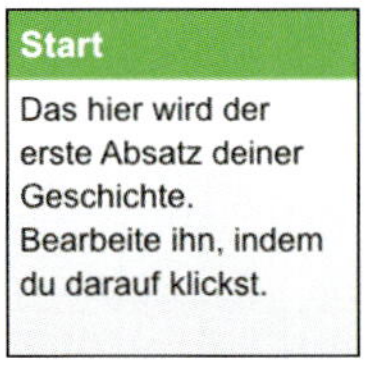

Spielen und Erzählen

- Werde selbst zur Spielfigur ⇨ Seite 12
- Eine Spielidee entwickeln ⇨ Seite 16
- Testphase mit einem Papier-Prototypen ⇨ Seite 18
- Einen Game-Controller aus Obst bauen ⇨ Seite 23
- Eine interaktive Story erzählen mit „Twine" ⇨ Seite 27

Hacken und Verbessern

- Handschuhe touchtauglich machen ⇨ Seite 32
- Dein eigenes Laptop-Logo entwerfen ⇨ Seite 36
- Eine funkgesteuerte Katzenklappe bauen ⇨ Seite 43
- Ein Megafon bauen ⇨ Seite 47

Senden und Wissen teilen

- So gehst du auf Sendung ⇨ Seite 54
- Ein Blog schreiben ⇨ Seite 59
- Ein Video-Interview drehen ⇨ Seite 62
- An der Wikipedia mitschreiben ⇨ Seite 65
- Im Web suchen und finden ⇨ Seite 67
- So geht YouTuben ⇨ Seite 68

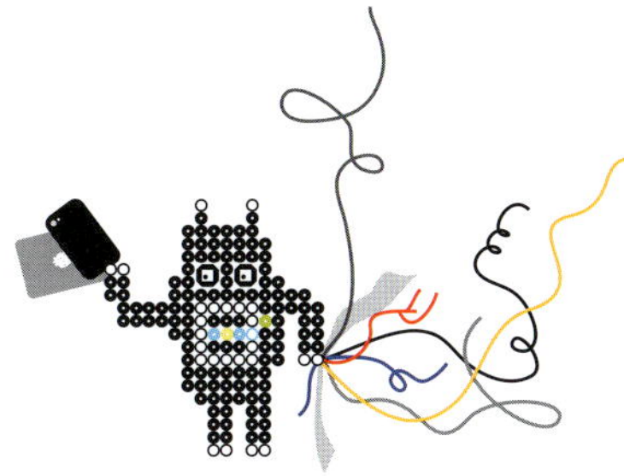

Engagieren und Vernetzen

- Eine Online-Petition starten ⇨ Seite 74
- Eine Kampagne planen ⇨ Seite 75
- Wirf die Netze nach Gleichgesinnten aus ⇨ Seite 77
- Spuren im Netz verwischen ⇨ Seite 78

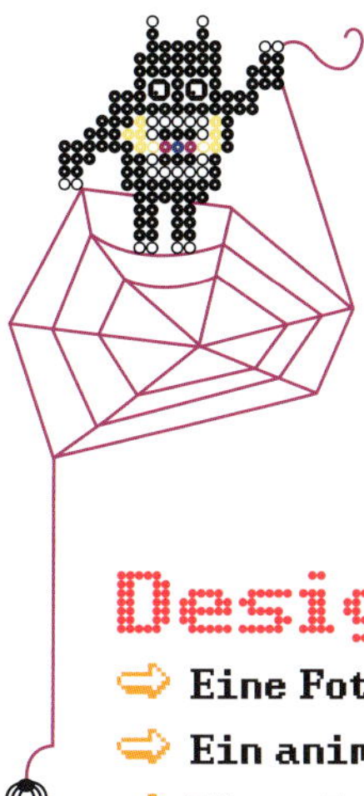

Programmieren

- Programmieren lernen und dranbleiben ⇨ Seite 84
- Dein Blog gestalten mit HTML & CSS ⇨ Seite 88
- Mit Ruby programmieren lernen ⇨ Seite 93
- Programmieren und Stricken ⇨ Seite 98

Designen und Vertonen

- Eine Foto-Collage am Computer erstellen ⇨ Seite 104
- Ein animiertes GIF bauen ⇨ Seite 108
- Einen Stop-Motion-Film mit „Vine" drehen ⇨ Seite 111
- Ein Sound-Tagebuch führen ⇨ Seite 114
- Soundeffekte selber machen ⇨ Seite 116

Sichern und Verschlüsseln

- Deine E-Mails verschlüsseln ⇨ Seite 122
- Ein WLAN sicher machen ⇨ Seite 125
- Deine Privatsphäre im Netz schützen ⇨ Seite 128
- Dich im Netz präsentieren ⇨ Seite 131
- Sicherer bloggen und twittern ⇨ Seite 134
- Ein starkes Passwort erstellen ⇨ Seite 137

Ende

SPIELEN UND ERZÄHLEN

Spiele sind nur was für Kinder? Von wegen! Computerspiele machen nicht nur Spaß, sie machen dich auch schlauer. Du kannst mit ihnen Geschichten erzählen und andere in die Welt eintauchen lassen, wie du sie siehst. Wie du selbst zur Game-Designerin wirst, wie du mit Obst einen Computer steuerst und was ein Spiel wirklich großartig macht, verraten wir dir auf den nächsten Seiten.

Seite 12

Werde selbst zur Spielfigur

Eine Spielidee entwickeln

Seite 16

Testphase mit einem Papier-Prototypen

Seite 18

Einen Game-Controller aus Obst bauen

Seite 23

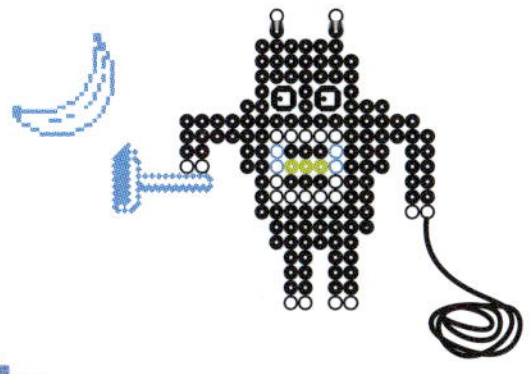

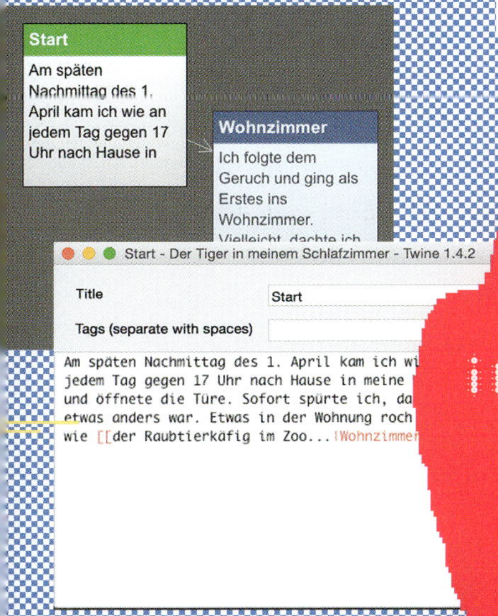

Eine interaktive Story erzählen mit „Twine“

Seite 27

MINI-ME

Werde selbst zur Spielfigur

nur du
1 bis 2 Stunden
5 bis 10 Euro für Material zum Zeichnen

Du brauchst:
> dich selbst als Modell
> Spiegel
> Bleistift, Radiergummi und eventuell Buntstifte zum Kolorieren
> Blatt Papier

Wenn du gerne Computerspiele spielst, kennst du wahrscheinlich ziemlich viele Charaktere. Aber wer sagt eigentlich, dass du nicht selbst zum Game-Character, also zur Spielfigur, werden kannst? Dazu brauchst du nur ein bisschen Zeit, Fantasie und einen Stift. Und das Tolle daran: Du kannst dich mit allen Extras ausstatten, die du immer schon haben wolltest – von Laseraugen bis zur magnetischen Regenbogenmähne.

Guck in den Spiegel. Du siehst verdammt gut aus. Betrachte dich ruhig so lange wie, du willst, vergiss darüber nur nicht die eigentliche Aufgabe: herauszufinden, welche Form dein Gesicht im Vergleich zu diesem Kreis hat:

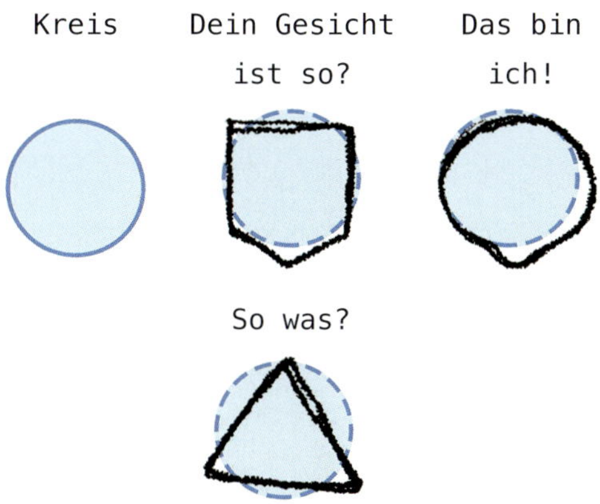

Jetzt nimmst du das größere Ganze in den Blick. Wie steht es mit deinem Körper? Bist du groß und schlaksig oder reichst du anderen nur bis zum Kinn? Dünn oder dick? Ein umgedrehtes Dreieck mit breiten Schultern, ein runder Apfel oder eine Violine?

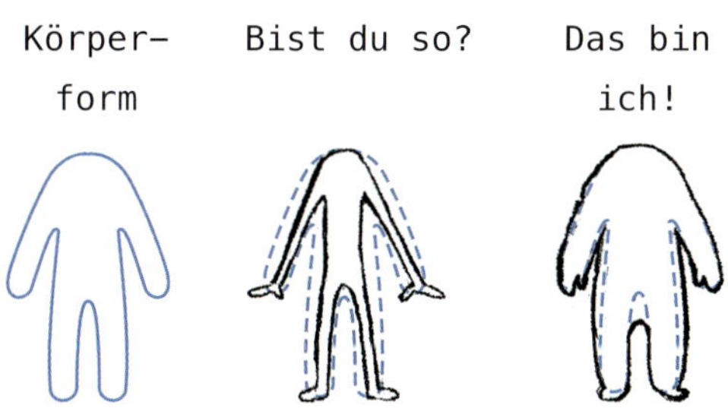

Tipp!

Falls du deinen Charakter für ein Computerspiel verwenden willst, scannst du ihn ein und bearbeitest ihn mit einem Bildbearbeitungsprogramm am Computer weiter. Scanne den Hintergrund und den Charakter separat ein, später kannst du sie im Programm übereinanderlegen. Speichere die Datei mit deinem Charakter als PNG-Datei. Das hat den Vorteil, dass du das Bild mit einem transparenten Hintergrund abspeichern und den Charakter später überall auf verschiedenen Hintergründen verwenden kannst.

Wo befindest du dich gerade? Auf der Bühne vor jubelndem Publikum? In einem Urwald? Schließ die Augen für einen Moment und überleg dir, wo du in diesem Moment am liebsten wärst. Und in welcher Zeit: Lebst du in der Zukunft, im Jetzt oder in der Vergangenheit? Ich sehe mich selbst vor langer, langer Zeit in einer kleinen Hütte im Wald, die so aussieht [siehe das Bild rechts oben auf der nächsten Seite]. Wenn du dich für einen Ort und eine Zeit entschieden hast, zeichnest du als Erstes deinen Hintergrund mit Bleistift auf ein Blatt Papier, so, wie du ihn dir vorstellst.

Zurück zu dir. Was genau ist dein Job? Bist du Holzfällerin? Postbeamtin? Ich will zum Beispiel eine Schneiderin sein. Nimm ein zweites Blatt Papier und zeichne dich, dein Gesicht, deinen Körper und die Accessoires, die du für deinen Job benötigst. In meinem Fall: Schere und Nähzeug. Leg das Blatt mit deiner Figur auf das Blatt mit dem Hintergrund und halte es vor eine Lampe, um beides zusammen zu sehen.

Sieht noch ein bisschen langweilig aus, wie du da rumstehst? Dann bring Dynamik rein. Was tust du gerade in diesem Moment? Wartest du auf dein Mittagessen? Bereitest du dich auf einen Kampf gegen den Superbösewicht vor? Liegst du auf der Lauer? Außerdem: Welche tollen Eigenschaften hättest du gerne, um deinen Job besser erledigen zu können? Brauchst du extragroße Augen? Willst du superwinzig sein, um dich in einem Kuchen zu verstecken? Ich will acht Arme haben, damit ich schneller arbeiten kann.

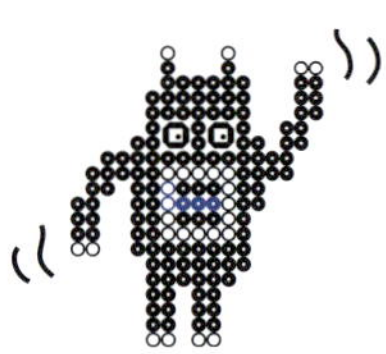

Was ist eben passiert? Ich habe gerade ein Kaninchen gesehen. Wenn ich es erwische, kann ich das Fell für ein neues Outfit benutzen – und habe noch ein leckeres Abendessen obendrauf. So wie im Bild rechts oben sehe ich also aus.

Fertig? Okay, das bist du jetzt also als Charakter. Vielleicht ist es ja dein geheimes Ich? Wenn du mit deinem Entwurf zufrieden bist, kannst du ihn bunt ausmalen. Vielleicht willst du auch noch einen Gefährten für dein Spiele-Ich entwerfen? Schneide am Ende den fertigen Charakter aus und klebe oder lege ihn auf das Blatt mit dem Hintergrund.

Tipp!

Du kannst auch direkt am Computer zeichnen, indem du ein Zeichentablett an deinen PC anschließt (günstige Modelle für den Einstieg gibt es ab 40 Euro). Wenn du mit dem digitalen Stift auf dem Tablett zeichnest, siehst du die Striche auf dem Monitor so, als sei das Tablett dein Zeichenpapier.

Demezou, von der diese Anleitung stammt, ist Illustratorin und Character-Designerin bei der Spielefirma Wooga. Sie kommt aus Japan und hat schon in Kanada, Tokio, Australien und Irland gearbeitet, bevor sie nach Berlin kam. Falls du weitere Entwürfe von ihr sehen willst, schau dir ihre Webseite an: moeemailbox.wix.com/demezouillustration

HEUREKA!

Eine Spielidee entwickeln

2 bis 3
1/2 bis 1 Stunde
keine

Du brauchst:

> Stifte
> Klebezettel
> Fotoapparat oder Handy zum Abfotografieren

Bevor man ein richtig tolles Spiel bauen kann, braucht man eine richtig tolle Spielidee. Aber wie findet man die? Und wie testet man, ob das Spiel wirklich so viel Spaß macht, dass andere es spielen wollen? All das gehört zum Job einer Spiele-Designerin – hier bekommst du den kostenlosen Crashkurs. Das Tolle ist: Um dir Spiele auszudenken, brauchst du erst mal nichts, außer vielleicht ein paar Flausen im Kopf. Selbst wenn du noch nie programmiert hast, kannst du einfach loslegen – nur mit Stift und Papier.

Egal ob Brettspiel, Kartenspiel oder Computerspiel, jedes Spiel beginnt mit einem Brainstorming. Hier werden die verrücktesten Ideen ausgedacht, auseinandergenommen, neu zusammengesetzt und anschließend auf Machbarkeit geprüft. Das geht am besten mit ein oder zwei Freundinnen, denn mehr Köpfe haben mehr Ideen. Das Wichtigste dabei ist, positiv miteinander umzugehen und jede Idee erst mal als gute Idee zu akzeptieren.

Mit dieser Methode könnt ihr euch viele Ideen in kürzester Zeit ausdenken. Jede von euch braucht dazu einen Stapel Klebezettel und Stifte. Eure Aufgabe ist es, Spielkarten zu erstellen, auf denen entweder eine Person, ein Objekt, eine Aktivität oder ein Ort dargestellt ist. Jede zeichnet in jeder Kategorie mindestens drei Karten, bis ihr 20 bis 40 Stück habt. Die Zeichnungen müssen nicht detailliert sein – wenn nicht eindeutig zu erkennen ist, was gemeint ist, bleiben mehr Möglichkeiten zur Interpretation. Wenn ihr fertig seid, mischt ihr die Karten und verteilt sie untereinander.

Um eine neue Spielidee zu entwickeln, stellt jetzt eine von euch eine Frage, zum Beispiel: Wie kommen wir auf den Mond? Die anderen antworten mit einer Karte, die sie in die Mitte legen. Anschließend vergesst ihr die Frage wieder. Seht euch einfach nur die Karten an und schiebt sie so lange hin und her, bis sie eine Geschichte erzählen oder ein Problem darstellen. Auf dem Tisch liegen eine Tomate, ein Raumschiff und ein Katapult? Daraus kann werden: Die Spielerin muss Tomaten mit einem Katapult gegen angreifende Raumschiffe schleudern. Die Frage könnte auch lauten: Wer oder was wärst du gerne in diesem Spiel? Vielleicht eine kluge Tomate aus der Zukunft, die mit ihrem Raumschiff durchs Universum fliegt und Kometen katapultiert? Falls die Karten auf dem Tisch keine Geschichte hergeben, kann jede noch eine Karte dazulegen. Erst wenn euch nichts weiter einfällt, verteilt ihr die Karten neu und fangt von vorn an. Jede von euch sollte Gelegenheit haben, sich ihre eigene Geschichte zu den Bildern auszudenken. Die besten Ideen schreibt ihr auf und fotografiert die Karten dazu ab.

Am Ende solltet ihr einen schönen Stapel Ideen gesammelt haben. Jetzt – und wirklich erst jetzt! – fangt ihr an, darüber zu sprechen, welche euch am besten gefallen und welche ihr gut umsetzen könntet. Dabei geht es auch um die Frage, welche Fähigkeiten ihr mitbringt. Kann eine von euch programmieren? Dann könntet ihr gemeinsam ein Computerspiel daraus machen. Sonst wäre ein Brett- oder Kartenspiel eine gute Option (mehr dazu auf der nächsten Seite).

Übrigens

Ein Computerspiel zu entwickeln, ist Teamsport. Normalerweise braucht es mindestens drei Personen: eine Programmiererin, die den Code schreibt, eine Zeichnerin für die Grafik und eine Tonmeisterin, die Geräusche und Hintergrundmusik komponiert. Wie würdet ihr die Rollen und Aufgaben im Team verteilen?

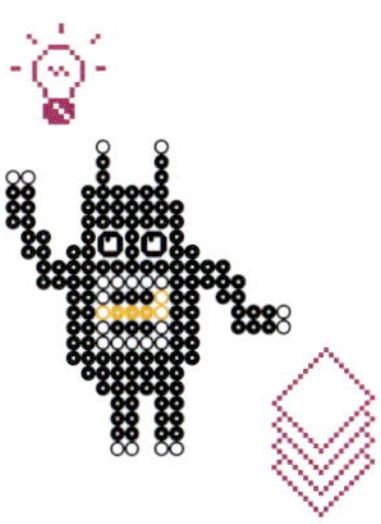

AUF LOS GEHT'S LOS!

Testphase mit einem Papier-Prototypen

so viele Testerinnen, wie du später Spielerinnen brauchst

ein paar Stunden bis mehrere Tage

keine

Du brauchst:

> Stifte
> Papier
> Schere
> evtl. Spielfiguren

Ein gutes Spiel muss Spaß machen und herausfordern. Teste deine Spielidee darauf, wie viel Freude dabei wirklich aufkommt. Dazu brauchst du erst mal nichts weiter als Stift und Papier – für einen sogenannten Papier-Prototypen.

Jedes Spiel besteht aus folgenden Elementen:

- Regeln (z. B.: Jede Spielerin darf eine Aktion ausführen, dann ist die nächste dran)
- Ziel (z. B. Wer als Erste ankommt, gewinnt)
- Spielmechaniken (Aufgaben, die gemeistert werden müssen, um zu gewinnen)
- Nachteile für Spielerinnen, die eine Mechanik nicht optimal ausführen oder einfach nur Pech haben

Ein Beispiel? Auf dem Bild links siehst du den Prototyp für ein Spiel namens „Schule des Lebens". In diesem Spiel beginnt jede Spielerin mit einem Blatt Papier, auf dem alle ihre (fiktiven) Fähigkeiten aufgelistet sind. Vor Beginn des Spiels werden die Ausgangswerte für diese Fähigkeiten mit Würfeln zufällig bestimmt. Dann wählt eine Spielerin eine Karte aus einer der Kategorien „Hobbys", „Ausbildung" oder „Beruf" und die anderen müssen sich um diese Fähigkeit „bewerben". Das tun sie, indem sie mit ihren vorhandenen Fähigkeiten argumentieren und beweisen, dass sie besser für die Position geeignet sind als die Mitbewerberinnen. Die Kartengeberin entscheidet, welche Bewerberin den Job bekommt. Für das Fortkommen im Spiel zählen die Karrierepunkte, die man durch die Karten erlangt. Auf der „Karriere-Rennbahn" kommt man durch die Anzahl an Karriere-Punkten voran. Gewonnen hat, wer als Erste im Ziel ankommt.

Wenn du selbst ein Spiel entwickeln willst, such dir am besten ein anderes Spiel, das so ähnlich funktioniert. Sieh es dir genau an und versuche, die Regeln zu verstehen: Was bereitet Spaß an dem Spiel? Ist es die Herausforderung, ein schweres Puzzle zu lösen? Das Verhandlungsgeschick, um sich bestimmte Dinge zu ertauschen? Das Rennen gegen die Zeit – oder gegen die Mitspielerinnen? Was sorgt dafür, dass alle Spielerinnen die gleichen Chancen haben zu gewinnen?

Diese Regeln und Mechaniken kannst du nun auf dein Spiel übertragen. Überleg dir, ob alle Spielerinnen in deinem Spiel die gleichen Aktionen ausführen müssen, um zu gewinnen, oder ob sie verschiedene Rollen haben. Für jede Aktion schreibst du Konsequenzen auf eine Spielkarte, z. B.: „Geh 5 Schritte vorwärts", „Addiere 3 Punkte zu deinen Gesundheitspunkten", „Setze eine Runde aus". Um eine zufällige Anzahl an Punkten zu bestimmen, kannst du Würfel benutzen.

Tipp!

Überleg dir, welche Elemente, Ereignisse und Aktionen für das Spiel absolut notwendig sind, und teste als Erstes diese Minimalversion. Weniger ist oft mehr: Wenn die einfachste Form des Spiels funktioniert und Spaß macht, kannst du später immer noch weitere Elemente hinzufügen.

Ok Test!

Testen Testen Testen: Man kann gar nicht genug betonen, wie wichtig es ist, das Spiel in jeder Entwicklungsstufe mit anderen zu testen. Warte damit auf keinen Fall, bis das Spiel „fertig" ist, denn du wirst merken, dass das Spiel nie wirklich fertig ist. Es findet sich immer noch etwas zum Hinzufügen oder Verbessern. Und falls das Spiel nicht funktioniert, willst du das lieber früher als später herausfinden.

Das Spielfeld zeichnest du auf kariertes oder hexagonal gemustertes Papier (aus dem Hobbyladen) oder frei Hand auf weißes Papier. Als Spielfiguren und Steine kannst du andere Brettspiele plündern, Kronkorken oder anderen Kleinkram verwenden.

Ist dein Prototyp fertig, teste ihn mit ein paar Spielerinnen aus deinem Freundeskreis. Erkläre ihnen die Regeln und lass sie losspielen. Du selbst hältst dich dabei so weit wie möglich zurück – das Spiel muss ja auch ohne dich klappen. Deine Aufgabe ist es, zu beobachten. Du wirst schnell merken, was an dem Spiel schon super funktioniert, was Spaß bringt oder wo es noch hakt. Notiere das alles in einem Testbericht.

In einer nächsten Runde kannst du die Spielregeln anpassen und das Spiel dann neu testen lassen. Das machst du so lange, bis deine Testerinnen von dem Spiel hellauf begeistert sind und es am liebsten sofort mit nach Hause nehmen wollen. Wenn alle „Noch eine Runde!" schreien, bist du auf einem guten Weg.

Kann man in weniger als 48 Stunden ein Spiel entwickeln?

Na klaro. Auf sogenannten „Game Jams" treffen sich Spieleverrückte für ein Wochenende, um gemeinsam Computer- oder Brettspiele zu bauen. Freitagnachmittags geht es los, Sonntagnachmittag wird eine Version vor Publikum präsentiert. Das Tolle daran: Man kann einfach Dinge ausprobieren. Im schlimmsten Fall hat man ein Wochenende mit keinem überzeugenden Ergebnis verbracht und dabei aber neue Leute kennengelernt. Im besten Fall kommt am Ende ein tolles neues Spiel heraus, an dem man weiterarbeiten kann. „Game Jams" finden regelmäßig auf der ganzen Welt statt und sind für alle offen. Schau nach, wann und wo der nächste in deiner Nähe ist.

Verstehe.

interview mit henrike lode, Game-designerin

Wie bist du Game-Designerin geworden? Ich habe Game-Design an der Universität Kopenhagen studiert. Ich wollte gerne etwas möglichst Kreatives tun, etwas, mit dem ich dazu beitragen kann, dass Lernen wieder Spaß macht. Also habe ich angefangen, Lernspiele zu entwickeln.

Was sind Lernspiele? Das sind Spiele, die nicht nur Spaß machen, sondern bei denen man auch etwas lernt, meist für die Schule. Nicht alle Spiele schaffen es, den Lerninhalt geschickt in eine Spielmechanik zu verpacken, und viele sehen im Vergleich zu Spielen, die man freiwillig in der Freizeit spielt, weniger schön aus. Ich wollte Lernspiele entwickeln, bei denen der Spielspaß und eine tolle Grafik im Vordergrund stehen.

Was ist das Beste daran, Spiele selbst zu entwickeln? Spiele geben mir die Möglichkeit, meine Sicht auf die Welt auszudrücken und mit anderen darüber in einen Dialog zu treten. Das kann ich auch auf anderen Wegen, etwa durch Schauspielen, Tanzen, Zeichnen oder Schreiben. Aber Spiele haben den Vorteil, dass man viel intensiver mit dem Medium interagiert und so starke Empfindungen bei seinem Publikum auslösen kann. Zu sehen, wie eine Person mit ausgestreckten Armen in die Luft springt, nachdem sie ein Puzzle

Puzzlespiel „Machineers“

gelöst hat, oder so vertieft ist in eins meiner Spiele, dass sie um sich herum nichts mehr mitbekommt – für mich könnte es keine bessere Belohnung geben.

Brauche ich immer andere, um ein Spiel zu entwickeln? Ja. Es gibt zwar Entwicklerinnen, die so talentiert sind, dass sie alles allein machen, aber im Normalfall braucht man mindestens drei Personen (siehe S. 18). In kleineren Firmen arbeiten fünf bis zehn Personen an einem Spiel, in mittelgroßen sind es eher 15 bis 50. In den ganz großen sogenannten „AAA-Spielefirmen" können über 1000 Menschen an einem Spiel arbeiten.

Wo finde ich Mitstreiterinnen für mein Team? Zum Beispiel bei einem „Game Jam" (was das ist, steht auf S. 20).

Welche Spiele würdest du gerne noch entwickeln? Ich bin großer Fan von Puzzle- und Strategiespielen, die man schnell lernen und lange spielen kann. Davon kann es gar nicht genug geben. Außerdem mag ich Point-and-Click-Adventures. Diese interaktiven Dramen sind wie Fernsehserien, nur dass man die Figur selbst steuern kann. Serien schau ich noch lieber, als ich spiele, daher ist eine Kombination dieser Genres für mich ein Festessen.

Henrike Lode, von der die beiden Anleitungen zur Spielidee und dem Papier-Prototypen stammen, ist Gründerin und Chefin des Gamestudios „Lohika“. Ihre Spezialität sind Lernspiele, mit ihrem Team entwickelte sie zum Beispiel das preisgekrönte Puzzlespiel „Machineers“. Sie lebt in Kopenhagen und organisiert dort einmal im Jahr den „Nordic Game Jam“. henrikelode.com

TUTTI FRUTTI

Einen Game-Controller aus Obst bauen

Du spielst gerne Computerspiele, findest aber die Steuerung auf deiner Tastatur zu langweilig? Dann versuch es doch mit einem selbst gebauten Game-Controller. Damit kannst du ein ganz neues Spielgefühl erzeugen, eine zusätzliche Herausforderung beim Spielen schaffen oder mit deinen Freundinnen zusammen spielen.

1 bis 2
ca. 1 Stunde
50 Euro für den „Makey Makey", ein paar Euro für Obst

Überleg dir, welche Funktionen dein neuer Controller haben soll. Jedes Spiel hat eine andere Steuerung, das heißt, du musst andere Tasten auf deiner Tastatur oder deiner Maus drücken, um das Spiel zu spielen. Für einige Spiele benötigt man zum Beispiel nur die Leertaste, um zu springen. Diese Taste ist auf deinem „Makey Makey" auf der Vorderseite angelegt und heißt SPACE.

Als Nächstes brauchst du leitfähige Gegenstände. Wir haben eine Banane verwendet, aber deiner Kreativität sind im Grunde keine Grenzen gesetzt. Mit dem „Makey Makey" kannst du jedes leitfähige Material verwenden (siehe S. 26). Bananen sind besonders dankbar, die kann man nach dem Spielen sogar noch essen. Aber auch Gegenstände, die sich anfeuchten lassen, wie zum Beispiel Schwämme, funktionieren. Teste verschiedene Gegenstände und hab keine Scheu vor Experimenten.

Du brauchst:

- „Makey Makey"-Bausatz inkl. Platine, USB-Kabel und 8 Krokoklemmen (kann man im Internet bestellen)
- Bananen oder andere leitfähige Gegenstände (siehe Kasten S. 26)
- Computer mit Windows-, Mac- oder Linux-Betriebssystem

Nimm die Platine des „Makey Makey" aus der Verpackung. Auf der Oberseite ist ein Mini-USB-Anschluss, an diesen muss das rote Mini-USB-Kabel angeschlossen werden. Die andere Seite des Kabels kommt in den USB-Anschluss an deinem Computer (Kabel und Anschluss sind mit diesem Zeichen markiert: ⭠). Teste die Funktion, indem du einen Finger auf dem „Makey Makey" in den Kreis mit der Aufschrift SPACE legst und einen Finger der anderen Hand auf zwei der Löcher mit der Aufschrift EARTH. Eine grüne Kontrolllampe sollte jetzt aufleuchten. Funktioniert? Super!

Jetzt fehlt nicht mehr viel. Klemme eine Seite der schwarzen Krokoklemme an eine der unteren Steckplätze mit der Aufschrift EARTH und eine Seite der gelben Klemme in die zwei Löcher mit der Aufschrift SPACE. Das freie Ende der gelben Klemme klemmst du an die Banane. Wenn du einen Apfel oder etwas anderes verwendest, das sich nicht klemmen lässt: kein Problem, du kannst die Klemme auch reinstecken. Wichtig ist, dass das metallische Ende genug Kontaktfläche mit dem Gegenstand hat.

Öffne ein Textverarbeitungsprogramm auf deinem Computer (z. B. „Open Office" oder Notizzettel). Wenn du jetzt das freie Ende der schwarzen Klemme in die Hand nimmst und mit der anderen Hand auf die Banane drückst, sollte die grüne Kontrolllampe am „Makey Makey" leuchten. Funktioniert? Großartig! Gleichzeitig sollte in deinem Textdokument ein Leerzeichen stehen. Wenn die Lampe nicht aufleuchtet, stimmt etwas nicht mit der Verbindung.

Überprüfe, ob alles richtig zusammengesteckt ist, und befeuchte deine Hände zusätzlich mit Wasser, das erhöht die Leitfähigkeit.

Damit ist der Game-Controller mit Bananengeschmack fertig. Du kannst jetzt ein Spiel im Browser öffnen, zum Beispiel „Canabalt" (www.adamatomic.com/canabalt). In der einen Hand hältst du die schwarze Klemme, mit der anderen drückst du zum Springen immer wieder auf die Banane. Sie ist jetzt deine Leertaste – zumindest so lange, bis du Hunger bekommst.

Wie funktioniert ein „Makey Makey"?

Mit dem „Makey Makey" kannst du Tastaturbefehle durch leitfähige Gegenstände auslösen. Das funktioniert auf Basis eines elektrischen Stromkreises. Eine Tastatur funktioniert genauso, nur dass hier ein offener Schaltkreis zwischen der Verkleidung der Taste und dem darunter befindlichen „Schalter" durch Druck des Fingers geschlossen wird. Die Taste sendet dann ein elektrisches Signal. Dieses Signal wird vom Computer verarbeitet und in den entsprechenden Buchstaben, etwa ein Leerzeichen, umgewandelt. Der Computer behandelt den „Makey Makey" wie jede andere Tastatur oder Maus. Nur die Tasten darauf sind etwas speziell: Auf der Platine sind vier Pfeiltasten, die Leertaste, der linke Mausklick. Auf der Rückseite befinden sich außerdem die Tasten W, A, S, D, F und G sowie die Mausbewegung in vier Richtungen und der rechte Mausklick.

Was ist ein elektrischer Stromkreis?

Am einfachsten lässt sich ein elektrischer Stromkreis am Beispiel einer Taschenlampe erklären. Innerhalb eines elektrischen Stromkreises befinden sich meist eine Spannungsquelle (die Batterie), ein Verbraucher (die Lampe) und ein Leiter (Kabel/Kupferdraht, der Batterie und Lampe verbindet).

Linda Kruse ist Game-Designerin und eine Hälfte des Spiele Studios „The Good Evil". Sie liebt Tiere mit großen Augen und hat für ihr Lernspiel „Squirrel und Bär" einen Haufen Preise gewonnen.

leitfähige materialien

Viele Gegenstände leiten, aber nicht alle eignen sich für „Makey Makeys". Du kannst schnell ausprobieren, ob ein Gegenstand mit dem „Makey Makey" funktioniert, indem du einen einfachen Schaltkreis bastelst und prüfst, ob die grüne Kontrolllampe aufleuchtet, wenn du den Kreislauf schließt.

Leitfähig sind zum Beispiel Kupferdrähte, Alufolie, metallische Stoffe, Grafitbleistifte oder leitfähige Farbe. Es gibt sogar leitfähige Fäden und Gewebe. Außerdem sind die meisten Obst- und Gemüsesorten leitfähig, da sie einen hohen Wasseranteil aufweisen. Bananen haben eine sehr leitfähige Schale (mit ihnen lässt sich sogar ein Smartphone bedienen). Aber auch Äpfel, Möhren, Orangen, Zitronen, Kiwis, Erdbeeren, Trauben und Birnen lassen sich gut als Eingabegeräte benutzen. Pudding und Götterspeise sind ebenfalls optimale Leiter!

Praktisch und zum Aufessen:

Du kannst auch deine eigene leitfähige essbare Knete mixen. Dazu brauchst du: 30 g Puderzucker, 20 ml Wasser, 50 g Mehl, 2 TL Öl, 10 g Speisestärke, 20 g Milchpulver. Alles in eine Schüssel geben und vermischen. Wenn die Mischung zu flüssig ist, mehr Stärke hinzugeben. Ist sie zu bröckelig, mehr Wasser hinzugeben. Zum Schluss mit Lebensmittelfarbe einfärben, wenn sie bunt sein soll.

DIE UNENDLICHE GESCHICHTE

Eine interaktive Story erzählen mit „Twine"

Früher gab es Abenteuerbücher, bei denen die Leserin Entscheidungen treffen musste und so den Ausgang der Geschichte beeinflussen konnte: „Springst du in den Fluss (lese weiter auf S. 35) oder bleibst du am Ufer und schlägst dein Lager auf (weiter auf S. 39)."

nur du
ein paar Stunden bis Tage
keine

„Twine" funktioniert so ähnlich: Es ist ein kostenloses Open-Source-Programm, mit dem du nicht lineare, interaktive Geschichten erzählen kannst (was Open Source ist, erfährst du auf S. 92). Nicht linear, das heißt, du kannst deine Leserin auf unterschiedlichen Pfaden durch die Geschichte führen und sie kann mitbestimmen, welchen Weg sie nimmt.

Du brauchst:

> Computer
> das kostenlose Programm „Twine"

Das Tolle: Du musst keinen Programmcode schreiben können, um mit „Twine" eine Geschichte zu erzählen oder ein Spiel zu bauen. Es reicht völlig aus, Worte in ein Textfenster einzutippen. „Twine" kann aber ein guter Weg sein, um ins Programmieren einzusteigen – etwa wenn du deine Geschichten später mit Variablen, CSS und JavaScripts weiter ausbauen möchtest (mehr dazu im Kapitel Programmieren).

„Twine" veröffentlicht deine Geschichten als Webseite im HTML-Format, das heißt, du oder andere können sie in jedem beliebigen Webbrowser angucken und du kannst sie leicht mit einem Weltpublikum teilen.

Um eine eigene Geschichte in „Twine“ zu bauen, lade dir als erstes „Twine“ für dein Betriebssystem herunter (auf twinery.org) und öffne das Programm auf dem Desktop. Du siehst ein graues Feld mit drei kleinen Textkästen, sie heißen Start, StoryTitle und StoryAuthor.

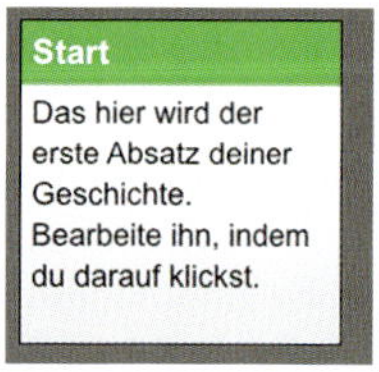

„Twine“-Geschichten bestehen aus „Passagen“. Jede Passage entspricht einer Seite in deiner Geschichte, und sie kann so kurz oder lang sein, wie du willst. Die allererste Passage heißt immer „Start“, und du kannst sie bearbeiten, indem du darauf doppelklickst. Schreib hier den Einstieg in deine Geschichte hinein, deinen ersten Absatz.

Vermutlich soll deine Geschichte nicht gleich auf der ersten Seite enden. Du brauchst also eine zweite Passage, auf die du verlinkst. Die Spielerin kann später auf diesen Link klicken, um auf die nächste Seite zu gelangen, wie bei einem Link im Browser.

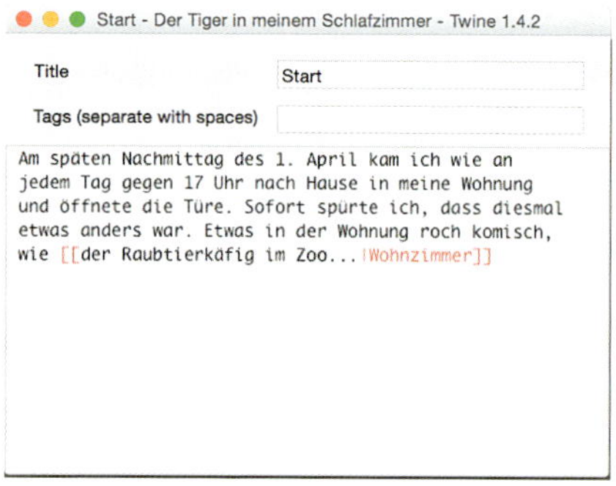

Um den Link zu setzen, schreibst du den Namen der nächsten Passage in doppelten eckigen Klammern in den Text. So: Am späten Nachmittag kam ich wie jeden Tag gegen 17 Uhr [[nach Hause | Wohnzimmer]] und fand dort einen Tiger. Der Text links vom Strich ist der, den die Spielerin sieht. Auf der rechten Seite steht der Name der Passage, auf die der Link führt: Wohnzimmer. Stimmt alles, müsste der Text in den eckigen Klammern jetzt rot aufleuchten. Klicke auf den Hintergrund, um die Passage wieder zu schließen.

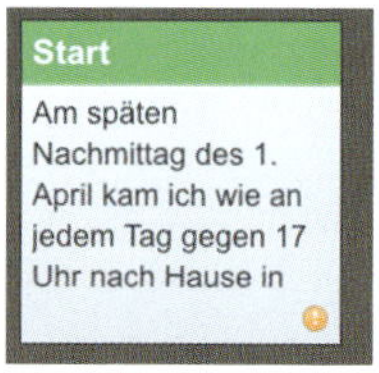

In der Ecke deiner Passage „Start“ prangt nun ein Ausrufezeichen. Das liegt daran, dass die neue Passage, auf die du verlinkst, noch nicht angelegt ist. Das holst du schleunigst nach. Klicke auf das Icon oben links, das wie ein Blatt Papier aussieht (du kannst auch mit der rechten Maustaste an eine beliebige Stelle klicken oder Ctrl-N drücken). Aha, du hast eine neue Passage geschaffen. Öffne sie und gib der Passage den Namen, den du oben in der Klammer verwendet hast: „Wohnzimmer“. Jetzt taucht ein Pfeil auf, der deine erste Passage mit der zweiten verbindet. Das hilft dir, den Überblick über deine Geschichte zu behalten.

Das reicht dir noch nicht, du willst mehrere Optionen? Geh zurück zur Passage „Start“ und baue dort einen zweiten Link ein, etwa zur Küche. Jetzt hast du eine Gabelung in der Geschichte – und deine Spielerin kann entscheiden, wohin sie geht.

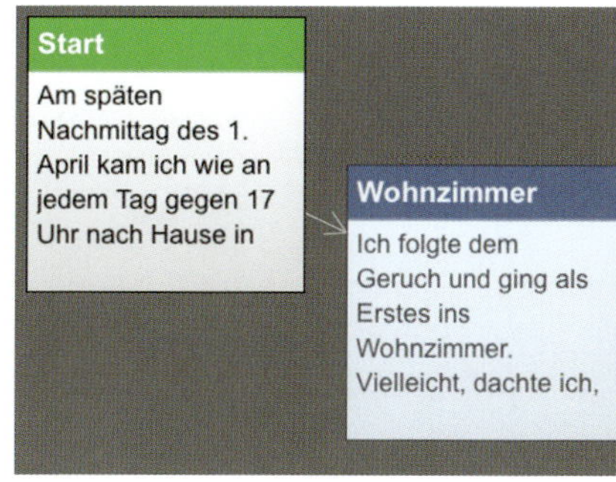

Nach diesem Prinzip baust du weiter deine Geschichte. Du kannst Spielerinnen im Kreis schicken oder sie verschiedene Abenteuer erleben lassen, je nachdem, wie sie sich entscheiden. Es ist deine Geschichte!

Im Prinzip ist deine Geschichte jetzt fertig. Klicke Story und danach Build Story, um sie als HTML-Datei zu speichern. Noch hat deine Geschichte allerdings keinen Titel, sie heißt einfach Untitled Story. Um ihr einen eigenen Namen zu geben, schreib diesen in die Passage mit dem Namen StoryTitle, in die Passage StoryAuthor schreibst du deinen Autorinnennamen (beides können deine Leserinnen später im Browser sehen). Um Bilder einzubauen, zieh diese mit der Maus vom Desktop in die entsprechende Passage. Willst du weiter an der Geschichte schrauben und das Ergebnis immer wieder im Browser anschauen, klickst du auf Story, dann auf Rebuild Story und dann Story und View Last Build.

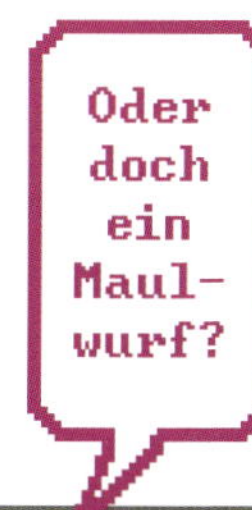

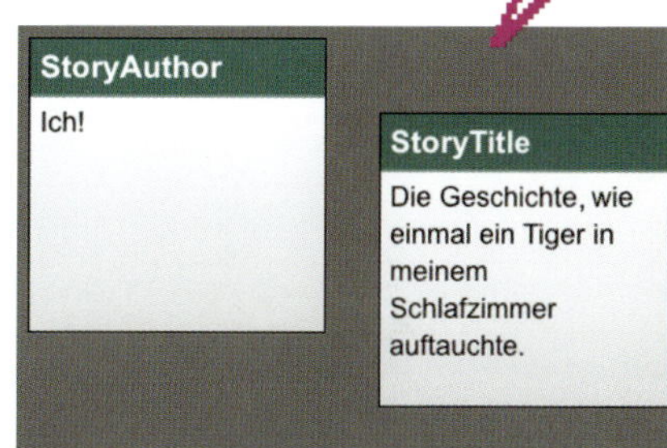

Bist du mit deinem Werk zufrieden? Dann veröffentliche es im Netz, zum Beispiel über die Webseite philome.la oder Textadventures.co.uk, beide Plattformen sind kostenlos, du musst dich nur registrieren.

Wenn du jetzt neugierig geworden bist, was man mit „Twine“ noch alles machen kann, wie du in deine Geschichten zum Beispiel Sounds und Videos einbauen oder Bedingungen einflechten kannst: Auf twinery.org und anderswo im Netz findest du Anleitungen anderer Spielemacherinnen zu allen Aspekten. Und jetzt leg los und erzähl deine eigene Geschichte!

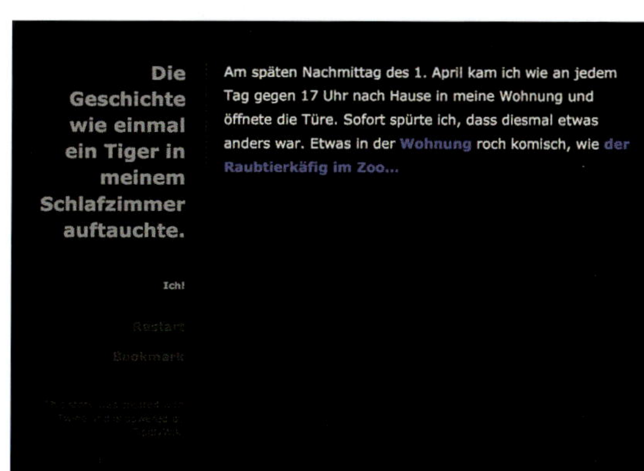

HACKEN VERBES

Hacken heißt, Dinge auseinandernehmen, um zu verstehen, wie sie funktionieren, und sie danach auf andere, bessere Weise wieder zusammenzusetzen. Hacking kann etwas mit Computercodes zu tun haben, muss es aber nicht. Genauso ist es möglich, eine Katzenklappe, dein Laptop-Logo oder deine Handschuhe zu hacken. Blättere weiter und erfahre, wie du mit Experimentierfreudigkeit und Kreativität so ziemlich alles hacken kannst.

Handschuhe touchtauglich machen

Seite 32

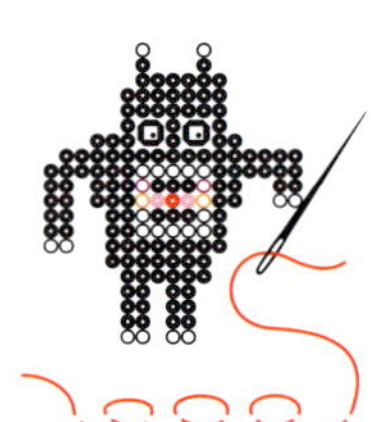

UND SERN

Eine funkgesteuerte Katzenklappe bauen

Seite 43

Dein eigenes Laptop-Logo entwerfen

Seite 36

Ha...
...llo!

Ein Megafon bauen

Seite 47

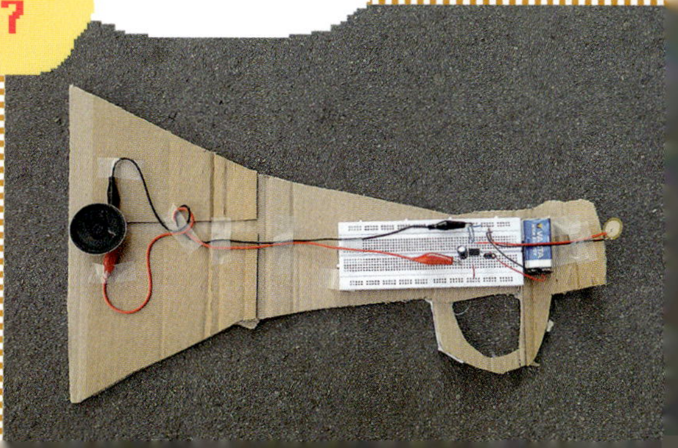

FROSTSCHUTZMITTEL

Handschuhe touchtauglich machen

nur du
1 Stunde
wenn du die Handschuhe schon hast, ca. 8 Euro

Ein Touchscreen ist eine tolle Erfindung. Er lässt dich ganz ohne Maus oder Keyboard direkt mit dem Bildschirm interagieren, etwas antippen oder zur Seite wischen. Das funktioniert, weil der Körper elektrische Spannung leitet und der Bildschirm auf diese Spannungsunterschiede reagiert, wenn du mit dem Finger drauftippst. Einziges Problem: Sobald eine dicke, isolierende Schicht zwischen deine Haut und den Bildschirm gerät, funktioniert das nicht mehr. Wie im Fall von Handschuhen im Winter.

Das heißt aber nicht, dass du dir die Finger abfrieren musst. Mit einem einfachen „Hack“ kannst du dein Smartphone auch mit Handschuhen bedienen. Dazu musst du nur leitfähiges Garn in die Fingerspitze einnähen. Das Garn leitet die Spannung weiter und stellt den Kontakt zwischen deiner Haut und dem Bildschirm wieder her. Und schon klappt es auch mit dem Tippen.

Du brauchst:

- > ein Paar Handschuhe
- > ca. 140 cm leitfähiges Garn (bekommst du im Internet oder im Bastelladen)
- > Stick- oder Nähnadel
- > Schere
- > Stück Pappe

Dreh den Handschuh oder nur den Finger, den du präparieren willst, auf links. Fädle ein Ende des Garns in die Nadel und mach in das andere Ende einen Knoten. Ist der Handschuh aus dickem Strick, nimmst du das Garn am besten doppelt.

Stich von außen in den Handschuhfinger. Zieh den Faden durch und dreh den Handschuh zurück auf rechts. Der Faden sollte oben aus der Fingerspitze herausstehen, der Knoten ist innen. Schneide ein Stück Pappe in Form eines Fingers zurecht und stecke es in den Finger.

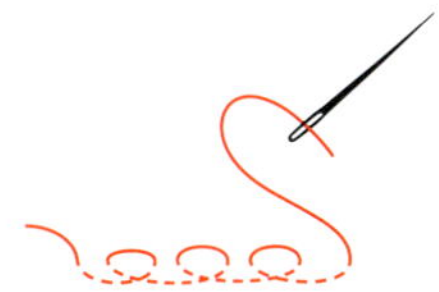

Rückstich

Mit Rückstichen stickst du jetzt ein Muster auf die Fingerkuppe, zum Beispiel eine Schneeflocke. Achte darauf, dass du bei jedem Stich mit der Nadel die Pappe im Inneren des Handschuhs berührst. Nur wenn der Faden ins Innere gelangt, kann Strom zwischen deiner Haut und dem Screen fließen. Mach kleine, regelmäßige Stiche und setz die Stickerei weit oben an, denn zum Tippen verwendest du nur die Fingerkuppe. Am besten probierst du einmal aus, mit welcher Stelle du normalerweise tippen würdest. Dort muss deine Stickerei sitzen.

Als Abschluss stichst du noch einmal von außen nach innen, drehst den Handschuh auf links und vernähst den Faden. Wieder auf rechts drehen und gleich testen!

Jennifer Rieker ist Produktdesignerin. Die Idee zum Handschuh-Stickset kam ihr während ihrer Diplomarbeit zum Thema „Future Fibre Crafts“. Das Set (mit Nadel, Garn, Pappfinger und Anleitung) kann man auch auf ihrer Webseite bestellen: craftimoko.com

Jane und die Zauberknete

Die Erfinderin von „Sugru"

Hacking muss nicht unbedingt etwas mit Computern zu tun haben. Das beste Beispiel dafür ist „Sugru", eine Art Hacker-Knete. Die bunte Silikonmasse lässt sich mit der Hand formen und härtet an der Luft zu einem festen, elastischen und wasserdichten Material aus. Es klebt an so gut wie allem, von Metall bis Glas. Mit einem Messer lässt es sich wieder entfernen. Das heißt, mit „Sugru" kannst du so gut wie alles reparieren, kleben oder optimieren, von kaputten Wanderschuhen bis hin zu zerdröselten Kabeln. Ein echter Hackertraum!

Das vielleicht Beste an „Sugru" – nach „Sugru", dem Produkt – ist die Geschichte dahinter. Die Heldin dieser Geschichte heißt Jane Ní Dhulchaointigh und trägt einen dunklen Fransenpony. Während ihres Produktdesign-Studiums in London entwickelt Jane eine fixe Idee. Sie will etwas, das sich so leicht formen lässt wie Knete und mit dem man Dinge reparieren kann, die man sonst neu kaufen müsste. Zwischen diesem Einfall und dem Moment, in dem Jane „Sugru" auf den Markt bringt, vergehen sieben Jahre. Jane entwickelte einen

Prototypen aus Silikon und Sägespäne, der ziemlich übel roch. Sie mischte und knetete monatelang in einem kleinen Labor, bis sie ihr erstes Patent anmelden konnte. Sie fand auch einen Namen für ihre Knete: „Sugru", abgeleitet vom gälischen Wort für „Spielen".

Dann ging Jane das Geld aus. Sie hatte eine tolle Erfindung, aber keinen Hersteller, der diese auf den Markt bringen wollte. Doch Jane war zu weit gekommen, um aufzugeben. Wenn sich kein Hersteller finden würde, würde sie das Produkt eben selbst produzieren. Sie kratzte das letzte Geld zusammen und stellte in ihrer Werkstatt 1000 Packungen „Sugru" her. Eine davon schickte sie an den Technik-Journalisten der Zeitung „Daily Telegraph", er gab „Sugru" in einer Bewertung 10 von 10 Punkten. Innerhalb von 6 Stunden waren die 1000 Packungen ausverkauft. Im Jahr darauf nannte das „Time Magazine" „Sugru" „eine der 50 besten Erfindungen des Jahres 2010".

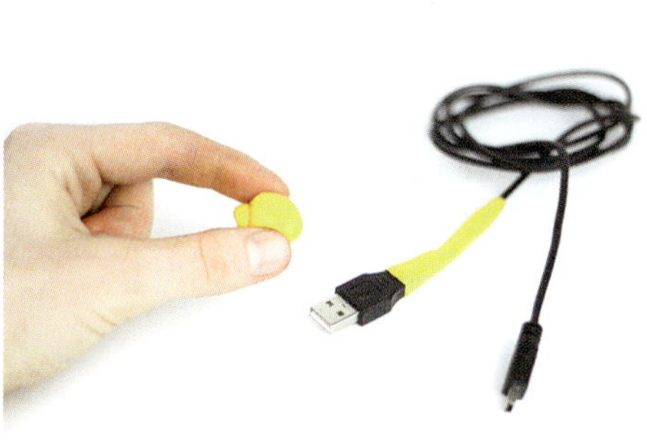

Hacken mit „Sugru"

Du brauchst: eine 5 g-Packung „Sugru" (im Bastelladen kaufen oder online bestellen)

⇨ Ein Kabel reparieren: Löse das Kabel vom Strom. Forme das „Sugru", als wäre es Knete, und drücke es um die kaputte Stelle. Warte ein paar Stunden, bis das „Sugru" aushärtet.

⇨ Dein Smartphone oder Tablet stoßsicher machen: Forme vier kleine Bälle aus einer Packungsmenge „Sugru" und stecke sie an die vier Ecken deines Geräts.

⇨ Kopfhörer anpassen: Lege eine dünne Rolle „Sugru" um den Rand der Ohrstöpsel und warte 20 Minuten. Wenn das „Sugru" fester geworden ist, steckst du die Stöpsel in die Ohren und drückst sie leicht an, um sie an die Form deiner Ohren anzupassen.

Tausende weiterer Ideen findest du auf Sugru.com. Lade deine eigenen Anleitungen auf der Seite hoch und teile sie mit anderen.

SCHLUSS MIT SCHLEICHWERBUNG

Dein eigenes Laptop-Logo entwerfen

nur du

3 bis 4 Stunden

ein paar Euro für den Aufkleberbogen und ca. 20 Euro für die Benutzung der Maschine

Du brauchst:

- Laptop zum Bekleben
- Vinyl-Cutter und die passende Software (findest du in jedem FabLab, siehe Kasten auf S. 42)
- Aufkleberbogen

Bist du es leid, als wandelnder Werbeträger das Logo einer Technikfirma durch die Welt zu tragen? Dann gestalte deinen Laptop lieber so, wie er dir gefällt – mit einem selbst entworfenen Aufkleber, der das Firmenlogo verdeckt. Diesen machst du mit einem sogenannten Vinyl-Cutter, einem Gerät, das die Umrisse eines Bildes aus einem Aufkleberbogen ausschneidet.

Als Erstes entwirfst du dein Motiv. Natürlich könntest du auch ein existierendes Motiv verwenden, aber wozu, wenn du selbst etwas gestalten kannst? Überlege dir, was du auf deinem Laptop präsentieren möchtest. Ein magisches Auge? Einen Stern? Ein Haus mit beleuchteten Fenstern?

Wenn du dein Motiv planst, denke in „negativen“ und „positiven“ Flächen: Negativ sind die weißen Stellen, die du später wegschneiden wirst (zum Beispiel das Dreieck in einem ‚A'). Positiv ist der schwarze Teil, der stehen bleibt. Wichtig: Plane dein Motiv so, dass die schwarzen Stellen eine zusammenhängende Fläche ergeben – sonst entsteht später nicht nur ein Aufkleber, sondern mehrere kleine. Du kannst dein Motiv entweder auf Papier zeichnen und einscannen oder du zeichnest es direkt am Computer.

Diese Form geht nicht, weil die schwarze Fläche unterbrochen ist. Am Ende hättest du hier zwei einzelne Aufkleber ausgeschnitten.

Das hier ist gut, die schwarzen Teile bilden eine durchgehende Fläche.

⇨ Du willst vorher planen, wie groß dein Aufkleber sein soll und wie du ihn platzieren musst, um das leuchtende Logo auf deinem Rechner für die Beleuchtung deines eigenen Kunstwerkes zu nutzen? Dazu benutzt du diesen Kniff: Suche dir ein Bild des existierenden Logos im Internet, indem du „Logo" und den Hersteller deines Computers in die Suchmaschine eingibst. In einem Bildbearbeitungsprogramm öffnest du deinen Entwurf. Dann legst du eine zweite Ebene an, auf der du das Logo speicherst.

⇨ Jetzt kannst du die beiden Ebenen hin und her schieben und die Größe und die Position deines Motivs anpassen: Es sollte

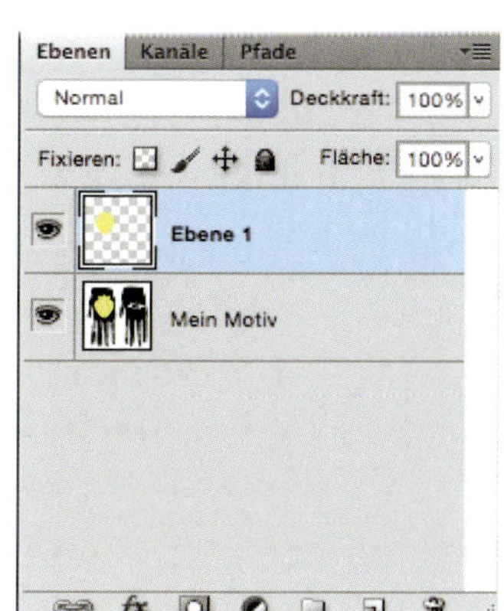

Dieses Motiv ist so geplant, dass das Licht des Erbeer-Logos später das Auge von hinten beleuchtet.

so groß sein, dass es das Logo vollständig verdeckt und die negativen Stellen später an der richtigen Stelle von hinten beleuchtet werden. Wenn alles stimmt, speicherst du deinen Entwurf ab.

⇨ Jetzt zum Ausschneiden. Das machst du nicht von Hand, sondern als kluge Hackerin, die du bist, mit einem sogenannten Vinyl-Cutter und der dazugehörigen Software. Dieses Gerät schneidet mit einem winzigen Messer deinen digitalen Entwurf aus dem Aufkleberbogen aus – nicht Pi mal Daumen, wie du das von Hand machen würdest, sondern bis auf den Pixel genau.

⇨ Dazu musst du deinen Entwurf als sogenanntes Vektorenbild anlegen. Öffne die Datei mit deinem Motiv in der Software, die den Vinyl-Cutter bedient (z. B. das Programm „Silhouette"). Pass die Größe deines Motivs so an, dass es auf deinen Aufkleberbogen passt. Wähle die Fläche aus, deren Konturen du nachziehen möchtest (in diesem Fall dein komplettes Logo), und wähle die Funktion „trace" („nachzeichnen") aus. Du siehst jetzt eine gelbe Linie: Das ist dein Vektorbild. Lösche die Originalvorlage, sodass nur noch diese Kontur übrig bleibt.

⇨ Jetzt justierst du die Größe: Miss dazu das Logo auf deinem Laptop mit einem Lineal aus und passe die Größe deines Entwurfs auf dem Bildschirm an. Am Ende drehst du das Logo so, dass es in eine Ecke deines Aufkleberbogens passt. Das ist wie beim Plätzchenausstechen: Wenn du das Motiv klug positionierst und den Platz optimal nutzt,

Profi-Tipp!

Bevor du dein Motiv aus dem Aufkleberbogen ausschneidest, mach einen Testschnitt auf Papier. So kannst du die Größe des Motivs überprüfen, ohne dafür einen Aufkleberbogen zu verbraten. Folge dabei den gleichen Schritten wie hier beschrieben, nur am Ende stellst du als Material „Papier" statt „Vinyl" ein.

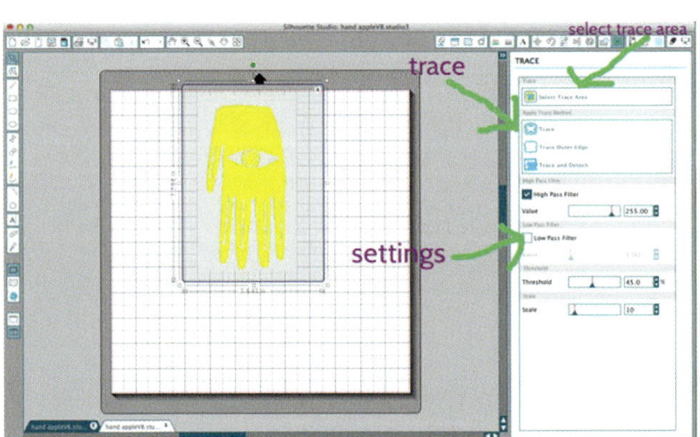

kannst du aus einem Bogen viele Aufkleber ausschneiden.

➪ Um den Aufkleber später vom Bogen abziehen zu können, muss der Cutter durch die Vinylschicht schneiden und dabei die hintere Schicht intakt lassen. Dazu kannst du fein justieren, wie tief der Cutter in den Bogen schneiden soll. Wenn du das zum ersten Mal machst, lass dir von den Menschen im FabLab helfen.

➪ Jetzt kommt der vielleicht beste Teil: Leg den Aufkleberbogen in die Maschine und drücke auf „cut" („schneiden"). Schau der Maschine dabei zu, wie sie dein Motiv ausschneidet.

➪ Nimm den Bogen aus der Maschine und zieh deinen Aufkleber vorsichtig vom Hintergrund ab. Die Betonung liegt dabei auf: vorsichtig! Du willst nicht, dass etwas reißt oder ausleiert, also ruhig Blut. Kleine Details, wie etwa die Pupille des Auges, kannst du mit der Pinzette rauszupfen.

➪ Kleb den Aufkleber jetzt ebenso vorsichtig auf deinen Laptop. Fang mit den „beleuchteten" Stellen (also den negativen Flächen, durch die das Licht scheinen soll) an und arbeite dich von dort nach außen. Streiche von der Mitte aus nach außen über den Aufkleber und achte darauf, dass du keine Luftblasen einfängst. Dieser Teil ist etwas fummelig, also bleib ganz ruhig und lass dir Zeit.

Übrigens

Vinyl-Cutter kann man für viel Geld kaufen. Das musst du aber nicht. Such lieber nach einem FabLab in deiner Stadt, der so ein Gerät für eine kleine Gebühr zur Verfügung stellt (mehr zu FabLabs auf S. 42).

Becca Rose ist Künstlerin und Lehrerin aus Bristol, England. Derzeit lebt sie in San Francisco und ist dort im Vorstand des feministischen Hackerspaces „Double Union". Weitere tolle Projekte findest du auf ihrem Blog: blog.beccarose.co.uk.

interview mit Fabienne Serriere, Strickmaschinenhackerin

Was hast du bisher schon alles gehackt? Ich bin Hardware-Hackerin, das heißt, ich nehme Dinge auseinander und setze sie neu zusammen, sodass sie eine andere Funktion erfüllen. Vor ein paar Jahren habe ich eine Massage-Couch gebaut, die erkennt, wie viele Kontakte jemand in Sozialen Netzwerken hat: Wer weniger Freunde hat, wird länger massiert. Mein aktuelles Projekt ist die Strickmaschine „Brother KH-930e" aus den 80er-Jahren. Ich habe sie so modifiziert, dass ich mit meinem Computer Strickmuster in die Maschine einspeisen kann. Heraus kommen Schals und Mützen mit computergenerierten Mustern.

Wie bist du zum Hacken gekommen? Ich habe in New York einen Master in Musiktechnologie gemacht und nebenbei angefangen, Musikgeräte zu entwickeln und Linux zu lernen. Ich hätte nicht gedacht, dass ich eine Hackerin bin, bis ein Freund mich irgendwann zu einer Hacking-Konferenz nach Berlin schickte. Seitdem bin ich die „Hardware Queen".

Weil du die einzige Frau dort warst? Nein, es gibt mittlerweile viele unglaublich gute Hackerinnen, besonders in Deutschland.

Muss man etwas durchgeknallt sein, um eine gute Hackerin zu werden? Ich kenne viele gute Hackerinnen, die ganz normale Leute sind. Aber es schadet sicher nicht, etwas verrückt zu sein, um einen anderen Blick auf die Dinge zu gewinnen. Vor allem muss man neugierig sein und verstehen wollen, wie etwas funktioniert – sowohl für sich als auch für andere, mit denen man dieses Wissen teilt. Hackerinnen wollen verstehen, wie etwas gemacht wurde und warum. Es geht um die Essenz einer Technologie. Eine Ausbildung als Ingenieurin oder Programmiererin braucht man dafür nicht. Manchmal sind es gerade die Autodidaktinnen, die Dinge auf eine neue Art zusammensetzen – weil ihnen niemand gezeigt hat, wie man es „richtig" macht.

Fabienne „fbz“ Serriere lebt in Seattle. Ihre neuesten digitalen Strickentwürfe findest du auf ihrer Webseite fabienne.us. Alle ihre Projekte sind Open Source, das heißt, du kannst sie verwenden und nach deinen Vorstellungen anpassen.

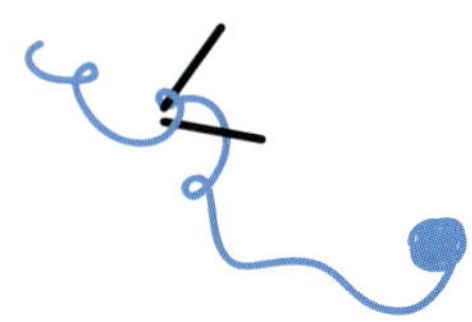

Strickmaschinen-Hacking

2010 veröffentlichte das Do-It-Yourself-Magazin „Craft" ein Video mit der Designerin und Hackerin Becky Stern. Darin zeigt Stern, wie man eine „Brother KH-930e"-Strickmaschine mit einem Computer steuert – und eigene coole Muster einprogrammiert. Das Video wurde ein Hit und löste einen kleinen Strickmaschinen-Trend unter Hackerinnen und Hackern aus. Die Anleitung von Becky Stern findest du im Netz – dort siehst du auch, wie viele abgefahrene Dinge man mit so einer Strickmaschine machen kann: learn.adafruit.com/electroknit

Was ist ein FabLab?

„FabLabs" (kurz für „fabrication laboratory") sind nicht kommerzielle Werkstätten, in denen jede und jeder Hightech-Geräte benutzen kann, um Dinge herzustellen, für die man früher eine Fabrik gebraucht hätte. Ein hervorragender Ort also, um andere Hackerinnen kennenzulernen und sich mit ihnen zu vernetzen. Entstanden ist die Idee am MIT in Boston, einer der besten technischen Universitäten der Welt. 2002 gründete der Professor Neil Gershenfeld dort das erste FabLab. Sein Seminar „How To Make (almost) Anything" – auf Deutsch: „Wie du (fast) alles selbst machen kannst" – war ursprünglich dazu gedacht, den angehenden Ingenieurinnen und Ingenieuren des MIT die neuen Geräte nahezubringen. Stattdessen wurde es einer der größten Publikumsrenner der Universität: Hunderte von Studierenden wollten den Kurs belegen, darunter viele, die noch nie etwas mit einem Computer zu tun hatten. Die Vorstellung, dass wir alles, von der Kuckucksuhr bis zum Badewannenstöpsel, einfach selbst ausdrucken oder ausschneiden können, war einfach zu verlockend.

So wurde aus den FabLabs eine weltweite Bewegung. Heute gibt es sie in vielen Städten von München bis Kapstadt. Die Idee ist überall die gleiche: Zugang zu den Produktionsmitteln ermöglichen und Wissen miteinander teilen, damit am Ende alle alles selbst produzieren können. Zusammengefasst ist das in der „internationalen Fab Charter" auf der FabLab-Webseite zu finden: www.fablab-hamburg.org

MIEZ MIEZ

Eine funkgesteuerte Katzenklappe bauen

Katzenklappen sind in erster Linie praktisch. Sie können aber auch ganz schön modern sein. Bei RFID-Katzenklappen sorgt Funktechnologie dafür, dass nur dein Stubentiger rein- und rauskommt – und sonst niemand. RFID steht für „Radio Frequency Identification“, also Identifikation durch elektromagnetische Wellen. Eingesetzt wird die Technik zum Beispiel im Supermarkt zum automatischen Identifizieren von Produkten. Der Clou daran ist, dass Sender und Empfänger sich dafür nicht berühren müssen.

2 und eventuell einen Profi für das Loch in der Tür

je nachdem, wie widerspenstig deine Katze ist, 3 bis 6 Stunden

Katzenklappe als Set für 70 bis 120 Euro

Je nachdem, wie dick deine Katze und deine Tür (oder die Wand oder das Fenster etc.) sind, solltest du dich für eine Klappe mit entsprechenden Maßen entscheiden. Jetzt kannst du die Katzenklappe einbauen. Bei einer RFID-Katzenklappe befindet sich im Tunnel der Katzenklappe ein Gerät, das den Chip deiner Katze ausliest und entsprechend die Klappe öffnet oder geschlossen lässt. Kommt die Katze auf zehn bis 20 Zentimeter an die Klappe heran, öffnet diese ihre Verriegelung. Ist das Tier mal verletzt und soll lieber im Haus bleiben, kann man einstellen, dass die Katzenklappe verriegelt bleibt. Praktisch ist das auch, falls du mehrere Katzen hast und nur eine von ihnen rausdarf.

Damit das klappt, musst du im ersten Schritt die 15-stellige ID deiner Katze bei der Katzenklappe registrieren (siehe Kasten rechts oben). Die Katzenklappe braucht Strom für diesen Schritt. Je nach Fabrikat musst du Batterien einlegen oder den Netzstecker in die Steckdose stecken. Den „Lernprozess" der Katzenklappe aktivierst du mit einmaligem Drücken der Speichertaste – schau am besten in der Bedienungsanleitung nach. Halte den Chip in den Tunnel der Klappe und schon ist die ID registriert. Wenn deine Katze ein Implantat hat, lockst du sie mit Leckerlis zur Klappe. Die Katze steckt den Kopf in den Tunnel, um die Leckerlis zu vernaschen, und dabei wird der Chip unter ihrem Fell oder am Halsband ausgelesen. Wiederhole den Prozess mit allen Tieren, die durch die Klappe dürfen. Je nach Modell kannst du bis zu 32 verschiedene Identifikationsnummern speichern. Katzen ohne Chip werden von der Katzenklappe ignoriert.

Jetzt kannst du die Katzenklappe einbauen. Bei Türen aus Metall oder mit Metallbeschichtung kann es Probleme mit der Funktechnologie geben. Das Loch in der Tür kannst du dir auch von einem Profi schneiden lassen. Gerade bei Glastüren ist es sinnvoll, einen Glaser um Unterstützung zu bitten, da hier hohe Verletzungsgefahr besteht. Auf jeden Fall brauchst du noch Löcher für die Montageschrauben. Halte dafür den Rahmen der Kat-

Du brauchst:

- RFID-Katzenklappe (als Set inkl. Schrauben) und passende Batterien
- Schraubenzieher, Wasserwaage, Bohrmaschine, Bleistift, Silikonspritze und Silikon, Werkzeug zum Schneiden des Lochs, z.B. Stichsäge für eine Holztür
- Katzenchip (als Halsbandanhänger oder implantiert in Katze)
- Leckerlis
- Putzlappen oder ein scharfes Messer
- Handschuhe und Arbeitskleidung
- Freundin zur Unterstützung

zenklappe an die Stelle, wo sie angebracht werden soll, stecke einen spitzen Bleistift durch die vorgebohrten Löcher und markiere an der Tür, wo du bohren musst. Kontrolliere davor mit einer Wasserwaage, ob alles gerade ist. Das Ganze machst du auf der Innenseite und der Außenseite der Tür.

Setze die Klappe in das vorgeschnittene Loch und schraube sie fest. Die Schrauben sind in der Regel im Set enthalten. Zum Versiegeln der Ränder nimmst du das Silikon. Bevor du die Katzenklappe fest andrückst, überprüfst du noch einmal mit der Wasserwaage, ob sie gerade ist. Wenn du mit Silikon arbeitest, ist es ratsam, Handschuhe und Arbeitskleidung zu tragen, da Einschmier-Gefahr besteht. Lege außerdem einen Putzlappen bereit, um hervorquellende Silikonreste abzuwischen. Dafür hast du zehn bis 15 Minuten Zeit, dann bildet das Silikon Haut und ist nicht mehr so leicht wegzuputzen. Komplett durchgehärtet ist es je nach Dicke in 24 bis 48 Stunden. Da die Klappe aber auch verschraubt ist, kannst du (bzw. kann deine Katze) sie sofort nach Montage benutzen. Lässt du die Klappe in sehr robustes Material ein (zum Beispiel eine Hauswand), kannst du das Silikon auch fest werden lassen und später Überschüsse mit einem Messer abtrennen und abziehen.

Welche Teile du in welcher Reihenfolge montieren musst, ist vom Fabrikat deiner Klappe abhängig. Wirf einen Blick in die Montageanleitung oder schau dir im Internet die Montagevideos des Herstellers an. In der Regel drückst du aber erst die Außenseite der Klappe an und presst danach die Innenseite von der anderen Seite darauf. Für besonders dicke Türen oder bei der Montage in einer Wand nimmst du eine „Tunnelverlängerung", die es in unterschiedlichen Maßen gibt. Frag am besten beim Hersteller nach, ob deine Klappe und die Verlängerung kompatibel sind.

Das Zusammensetzen ist am einfachsten, wenn dir jemand hilft. Dann kann

Katzen-Chip: Katzen bekommen so einen Chip entweder beim Tierarzt implantiert oder tragen ihn am Halsband. Auf den Implantaten sind die kompletten Daten der Halterinnen und Halter sowie eine 15-stellige Nummer hinterlegt. Diese ID ist weltweit genormt und für jedes Tier einmalig.

Übrigens

Diebstahlsicherungssysteme in Läden beruhen auf einer ähnlichen Technik: Passiert ein gechiptes Produkt die Eingangstür, piept es. Aber auch die 2010 in Deutschland eingeführten Personalausweise, die aussehen wie EC-Karten, verdanken ihre Zusatzfunktionen der RFID-Technologie.

eine von euch von innen drücken und aufpassen, dass sich kein Teil verschiebt oder herausfällt, während die andere von außen schraubt. In der Regel liegen im Set mehr Schrauben bei, als du brauchst. Such dir die aus, deren Länge am besten zum Material passt, in welches du die Klappe montierst. Wenn alle Schrauben fest sind, setzt du Abdeckkappen auf die Schrauben, damit sich deine Katze nicht daran verletzt. Falls sie nicht im Set enthalten sind, bekommst du sie für wenige Cent im Baumarkt.

Schlitze zwischen dem Tunnel und dem Rahmen der Katzenklappe oder zwischen dem Rahmen und der Wand kannst du jetzt ebenfalls mit Silikon auffüllen. Aber gut aufpassen: Du willst nicht die eigentlich Klappe zukleistern. Egal, was du tust: Achte darauf, den Tunnel nicht zu beschädigen. Hier verläuft die Antenne des Funkauslesegeräts und die muss intakt bleiben. Ein Bemalen mit Farbe oder Dekorieren mit Stickern beeinträchtigt die RFID-Technologie nicht. Du kannst also ruhig kreativ werden.

RFID

Der zur Identifikation der Katze verwendete RFID-Chip sendet selbst keine Signale, sondern ist „passiv“. Erst in der Nähe des Auslesegeräts wird der Chip angesprochen und seine Daten werden abgefragt. In der Katzenklappe wird die ausgelesene ID dann mit den hinterlegten Nummern abgeglichen. Wenn du Lust auf eine Herausforderung hast, kannst du dir die Klappe auch aus Einzelteilen selber bauen und ein entsprechendes Mikroprogramm dafür schreiben. Allerdings ist die Fertiglösung billiger.

Alles klar.

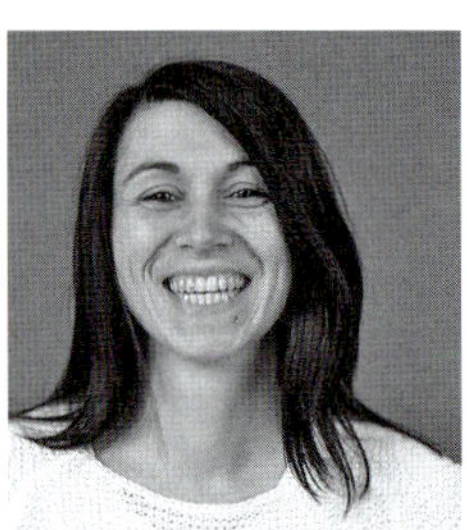

Gesche Roy, arbeitet als Social-Media-Beraterin bei einer Werbeagentur in Hamburg. Von Webseiten über Ohrringe und Kleidungsstücke bis hin zu Fahrrädern hat sie schon alles Mögliche selbst designt und hergestellt. Ihr nächstes Ziel: Beim Gewichtheben über 100 Kilo bewegen.

SCHREI ES RAUS

Ein Megafon bauen

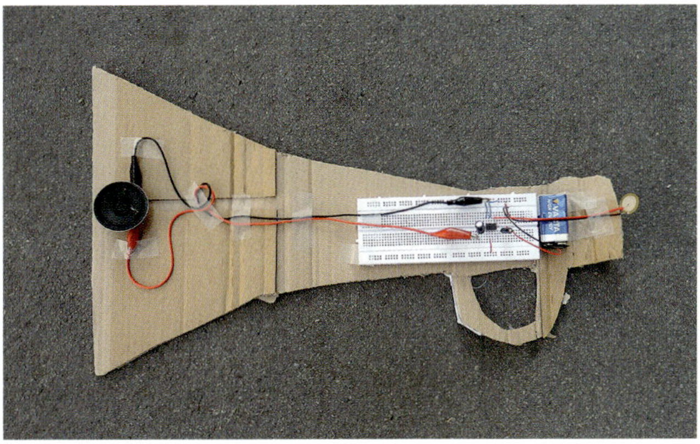

Es gibt Situationen, in denen musst du dir Gehör verschaffen. In so einem Moment ist es praktisch, ein Megafon zur Hand zu haben. So schonst du deine Stimmbänder – und wenn dann noch rauskommt, dass du das Megafon selbst gebaut hast, beeindruckst du dein Umfeld nicht nur mit Lautstärke.

nur du
ca. 2 Stunden
ca. 18 Euro

Das Innenleben: Dein Megafon besteht aus einer Batterie, einem Verstärkerchip, einem simplen Mikrofon und einem Lautsprecher. Du kannst dafür einen Lautsprecher aus einem alten Radio oder Spielzeug ausbauen oder du kaufst ihn im Elektronikfachgeschäft. Idealerweise steht „8 Ohm" auf dem Lautsprecher, das ist eine Maßeinheit für den Widerstand.

Das Prinzip: Das Megafon soll Geräusche verstärken, die das Mikrofon aufnimmt, deine Stimme also. Du sprichst Klangsignale ins Mikrofon (Input), aus dem Lautsprecher kommt es lauter wieder raus (Output). Um das

Du brauchst:

Aus dem Elektronikfachgeschäft:

> Steckplatine
> Verstärkerchip LM386
> Litzenkabel
> 220-uF-Kondensator
> 100-uF-Kondensator
> wiederaufladbare 9-Volt-Batterie
> Batterieclip
> Piezomikrofon
> Lautsprecher

hinzubekommen, musst du das Mikrofon, den Verstärker und den Lautsprecher zu einem Schaltkreis verbinden. Strom fließt von einem Pol der Batterie (+) zum anderen Pol (-). Auf dem Weg versorgt er den Verstärkerchip mit Energie. Diese Energie sorgt dafür, dass der Input (deine Stimme) in einen lauteren Output verwandelt wird. Damit der Input durch das Mikro, von dort zum Chip und durch die Widerstände zum Lautsprecher fließen kann, verbindest du alles auf einer Steckplatine zu einem seriellen Schaltkreis. Stell dir das vor wie eine Elefantenparade: Jeder Elefant fasst den nächsten mit dem Rüssel am Schwänzchen.

<u>Steckplatine</u>
Die äußeren zwei horizontalen Linien sind unter der Oberfläche horizontal verbunden. Die inneren Linien sind vertikal verbunden bis zur mittleren Rille.

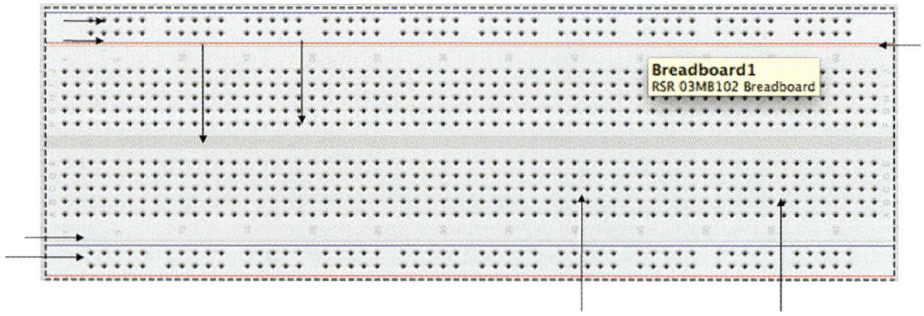

<u>Schritt 1</u>: Mit einer Steckplatine verbindest du einzelne Kabel und Elektronikteile. So sparst du dir, die einzelnen Kabel zusammenzulöten. Wenn du zwei Kabelenden in dieselbe Reihe steckst, sind sie miteinander verbunden, so als hättest du sie zusammengelötet. Unter der Plastikoberfläche der Steckplatine befindet sich nämlich leitendes Material, sodass alle Löcher einer Reihe untereinander Strom leiten können.

Steckplätze beim Verstärkerchip LM 386:

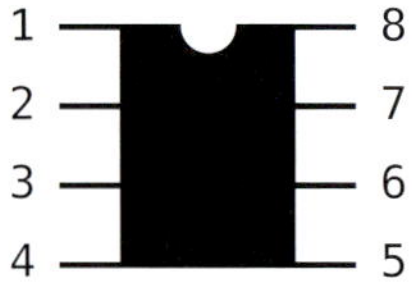

<u>Schritt 2</u>: Der Verstärkerchip heißt LM 386, er wird dein Audiosignal verstärken, damit es laut aus dem Megafon schallt. Wie ein Insekt hat er kleine Beinchen, die sogenannten Pins. Um den Chip zu befestigen, steckst du jeden Pin in ein Loch auf der Platine und drückst ihn fest rein. Der Graben in der Mitte der Platine verläuft genau unter dem Bauch des Chips. Der Chip hat eine kleine Einkerbung, die sollte nach oben zeigen, also Richtung linkes oberes Eck der Steckplatine. Die Pins sind gegen den Uhrzeigersinn durchnummeriert. Links oben ist Pin 1, dann geht's nach unten bis vier und weiter gegen den Uhrzeigersinn bis Pin 8.

<u>Schritt 3</u>: In das Loch links von Pin 3 und Pin 4 steckst du zwei Käbelchen, die du mit der äußeren linken Reihe auf der Steckplatine verbindest. Somit haben Pin 3 und Pin 4 unterirdisch

eine leitende Verbindung mit der äußeren linken Reihe. Hier kommen sie später mit dem Minuspol der Batterie in Berührung. Die äußere rechte Reihe der Platine verbindest du mit Pin 6. Diese Reihe wird später mit dem Plus der Batterie versorgt, wodurch sich der Chip an 9 Volt erfreuen kann.

Was ist eine serielle Schaltung? Mit seriell ist gemeint, dass der Strom erst durch das eine Kabel fließt und dann durch das andere. Er könnte stattdessen auch gleichzeitig durch zwei Kabel fließen, das heißt dann Parallelschaltung.

Schritt 4: Unser Mikrofon ist ein sogenanntes Piezomikrofon. Es ist der „Input", weil es Geräusche aufnimmt und an den Chip leitet, es schickt also Signale an den Chip. Das Piezomikrofon ist recht schlicht, es besteht nur aus einem Metallblättchen und etwas Kristallack. Diese beiden Flächen schwingen bei Schallwellen miteinander, was ganz niedrige elektrische Signale produziert, die das Kabel an den Verstärkerchip weiterleitet. Der Piezo hat, wie der Chip, ein Plus und ein Minus. Das Plus-Kabel geht von der Mitte weg, das Minus-Kabel vom Metallteil am Rand. Oft siehst du diese Details gar nicht, weil die meisten Piezos durch eine Plastikhülle geschützt sind.

Innen sieht das Mikrofon so aus:

Das Plus-Bein (rot) kommt jetzt in die Reihe, die es mit Pin 2 des Chips verbindet. Das Minus-Bein (schwarz) kommt in die Reihe links außen, die wir schon mit den zwei Minus-Käbelchen vom Chip verbunden haben. Es ist egal, wohin genau in dieser Reihe, die Löcher der linken äußeren Reihe sind ja ohnehin unterirdisch miteinander verbunden.

Schritt 5: Nun zum Lautsprecher: Auch der braucht Plus und Minus. Das Plus bekommt er vom Chip. Das wird „Output" genannt, denn was der Lautsprecher über das Plus-Käbelchen vom Chip erhält, sind Signale, die in Tonfrequenzen übersetzt werden, also hörbar werden. Der Chip gibt demnach was raus, einen „Output". Damit das wie geschmiert funktioniert, werden wir einen Kondensator dazwischenschalten, der dafür sorgt, dass die Gleichspannung der Batterie nicht durch den Lautsprecher fließt. Das Plus des Kondensators (das lange Bein) stecken wir in Pin 5 des Chips, das Minus-Bein kommt in eine neue Reihe, wo es mit dem Plus-Bein des Lautsprechers verbunden wird.

Schritte 2 bis 4:

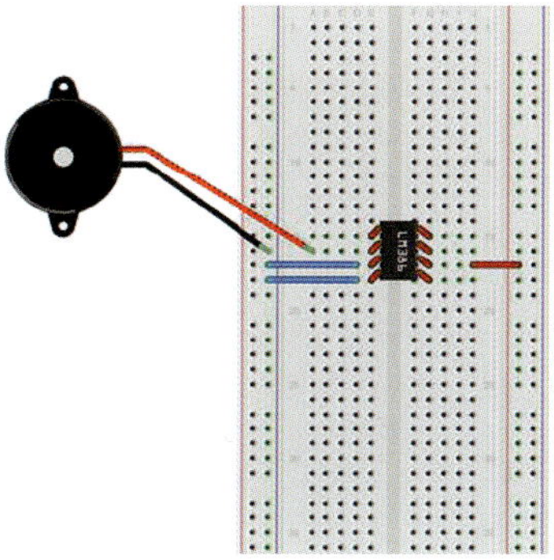

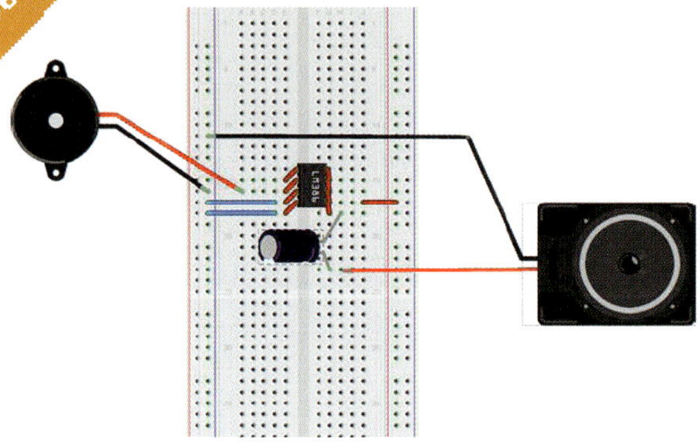

Schritt 5 (oben) und 6 (unten):

Schritt 6: Jetzt sind wir schon fast fertig! Bevor du die Batterie anschließt, schnappst du dir noch einen weiteren Kondensator und setzt ihn mit dem längeren Plus-Bein auf Pin 8 und mit dem kürzeren Minus-Bein auf Pin 1 des Chips. Um zu testen, ob alles richtig verbunden ist, verwendest du eine wiederaufladbare 9-Volt-Batterie mit einem Batterieclip. Der Batterieclip verbindet die Pole der Batterie mit zwei Käbelchen, und zwar schwarz für Minus und rot für Plus. Das schwarze Kabel kommt in die linke äußere Reihe der Platine, das rote Kabel steckst du in die rechte äußere Reihe. Und das war's auch schon: Alles, was du jetzt ins Mikro sagst, sollte über den Lautsprecher verstärkt hörbar sein. Klappt? Glückwunsch!

Schritt 7: Wenn du willst, kannst du zum Schluss noch einen Lautsprecher aus Pappe ausschneiden und den Schaltkreis hinten draufkleben. Das sieht ziemlich lustig aus, wenn du in die Pappe reinrufst und es vorne laut raus klingt.

Stefanie Wuschitz ist Künstlerin und Mitbegründerin von Miss Baltazar´s Laboratory, einem Hackerspace von und für Frauen. Sie hat gerade ihre Doktorarbeit über feministische Hackerspaces an verschiedenen Orten auf der ganzen Welt geschrieben – von New York bis Wien.

Stell das Denken auf den Kopf

Was bedeutet „Hacking"?

Hacker – egal welchen Geschlechts – sind von Grund auf neugierig. Sie lieben das Experimentieren und haben Spaß an der intellektuellen Herausforderung. Sie wollen verstehen, wie eine Technologie funktioniert, wie man sie auseinandernehmen und auf noch bessere Art wieder zusammensetzen kann. Sie suchen kreative Lösungen und erweitern die Grenzen des Möglichen.

Du bist neugierig und kreativ? Dann hast du die besten Voraussetzungen, Hackerin zu werden. Hackerkultur ist wie ein großer weltweiter Club – und um dazuzugehören, ist es ganz egal, wie alt du bist oder wo du herkommst. „Hackerin" ist ein Ehrentitel, der allein aufgrund von Können verliehen wird, und das kann sich jede aneignen.

Aber Moment: „Hacker", sind das nicht diese Kriminellen, die in die Computer von Regierungen einbrechen? Echte Hackerinnen und Hacker nennen diese Leute „Cracker". Cracker machen Dinge kaputt, „Hacker" nehmen sie auseinander – aber nur, um sie besser zu machen. Deswegen sind Hackerinnen gegen jedes Verbot, in den Code eines Programms zu schauen. Wenn man den Code nicht lesen kann, wie soll man ihn verbessern?

„Hacking" ist eine bestimmte Art, an Probleme heranzugehen, und das muss nicht unbedingt etwas mit Computern zu tun haben: Hacken kann man eigentlich alles – vom Möbelstück bis zu den Regeln der Gesellschaft. Man muss nur das Problem erkennen und eine kreative Lösung dafür finden. In dein Bad passt kein Katzenklo? Bau es in den Badezimmerschrank. Du hast keinen Topf? Koch dein Ei in der Kaffeemaschine. Demos auf dem Bahnhofsgelände sind verboten? Mach eine öffentliche Performance daraus.

SENDEN UND WISSEN TEILEN

Das Tolle an der digitalen Kommunikationstechnologie ist, dass sie uns rund um die Uhr vernetzt und den Austausch in alle Winkel der Welt möglich macht. Sie gibt dir auch die Chance, der Welt mitzuteilen, was dich stört oder dir wichtig ist. Das kann über ein Blog passieren, einen Podcast oder indem du an der Wikipedia mitschreibst. Auf den folgenden Seiten erfährst du, welche spannenden Wege es gibt, die Welt ein wenig besser und schlauer zu machen.

So gehst du auf Sendung – Seite 54

Ein Blog schreiben – Seite 59

Ein Video-Interview drehen – Seite 62

An der Wikipedia mitschreiben – Seite 65

So geht YouTuben – Seite 68

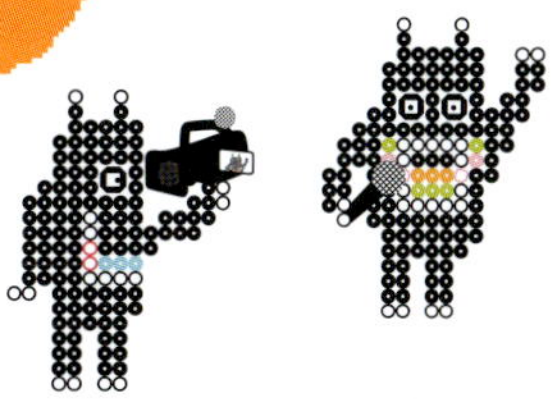

Was denn?

Im Web suchen und finden – Seite 67

RADIO DUDU

So gehst du auf Sendung

1 bis 3 Podcasterinnen
1 x im Monat bis hin zu 1 x die Woche
keine, erst bei intensiver Nutzung („Soundcloud" und „Auphonic" bis 120 min/Monat frei)

In Podcasts werden Geschichten erzählt, Gespräche geführt oder es wird von ganz alltäglichen Dingen berichtet. Das kann sich anhören wie eine Radiosendung, ein Hörbuch und manchmal auch wie ein öffentliches Telefongespräch. Podcasts sind Tondateien, die du dir im Internet anhören kannst. Meist gibt es die einzelnen Folgen auf einem gleichnamigen Blog oder man kann sie per App am Smartphone oder Tablet abonnieren.

Hast du das Gefühl, dass über die Dinge, die dich besonders interessieren, nicht genug im Fernsehen, in den Zeitungen und im Internet berichtet wird? Mit einem Podcast kannst du selbst dafür sorgen, dass die Themen, die dir wichtig sind, Gehör finden!

Das Gute daran: Zum Podcasten brauchst du keine teuren Aufnahmegeräte oder hochwertigen Mikrofone. Wenn du ein Smartphone besitzt, hast du schon einen Audiorekorder. Mithilfe von Apps kannst du Reportagen, Interviews oder auch Selbstgespräche aufzeichnen, danach den Ton bearbeiten und sie vor allem auch veröffentlichen. Deine Hörerinnen und Hörer können Podcasts ebenfalls durch Apps leicht abonnieren und anhören.

Wenn du in verschiedene Podcasts reinhörst, wirst du merken, dass diese bestimmte Formen entwickelt haben, die das Zuhören schöner machen. So gibt es fast immer eine Eingangsmelodie, das sogenannte Intro. Dieses erzeugt einen Wiedererkennungseffekt. Manchmal wird dieses Intro in verkürzter Form am Ende angespielt, dann nennt man es dementsprechend Outro.

Manche Podcasts klingen satt wie im Radio, manche dünn wie ein Telefongespräch. Das lässt sich über professionelle Aufnahmetechnik regeln, die recht teuer ist. Oder man versucht, die Aufnahmen nachträglich zu verbessern. Das geht z. B. mit der kostenfreien Software „Audacity“, einem Tonbearbeitungsprogramm, mithilfe dessen du Hustengeräusche oder störende Passagen rausschneiden oder auch das Intro produzieren kannst.

Es gibt auch einen Online-Klangverbesserungsdienst namens „Auphonic“, der durch eine App ergänzt wird. Mit dieser kannst du den Podcast auch mobil aufnehmen, dazu musst du nur die Funktion „Record“ einstellen [etwas versteckt in einem Menü an der Seite] und den orangefarbenen Aufnahmeknopf drücken. In der „Auphonic“-App kannst du außerdem dein Intro permanent hinterlegen, sodass es später nur ausgewählt werden muss und automatisch mit der aktuellen Aufnahme verknüpft wird.

Jetzt gibst du in der App die Aufnahme zur Bearbeitung frei. „Auphonic“ kann Störgeräusche rausfiltern und sorgt dafür, dass alle Stimmen im Podcast gleich laut klingen. Wenn die Klangverbesserung beendet ist, wird die Datei – je nachdem, was du in den Einstellungen ausgewählt hast – direkt zu „Soundcloud“, zu deinem Cloud-Speicher, an dein Blog oder an dein Postfach geschickt. „Soundcloud“ und „Auphonic“ sind ab einer Nutzung von mehr als zwei Stunden Material im Monat jedoch nicht mehr kostenfrei.

Wenn „Soundcloud“ dein primärer Podcast-Sendekanal sein soll, kannst du Links zu den veröffentlichten Podcast-Episoden an Freundinnen und Familienmitglieder senden. Frag sie

Du brauchst:

> Smartphone oder Tablet mit Internetzugang
> Apps zur Aufnahme, zur Audiobearbeitung und zur Veröffentlichung („Auphonic“, „Soundcloud“ o. a.)
> Ideen für deine Sendungsinhalte und für ein Sendungsformat, das zu dir passt
> Freude am Reden und am Hören der eigenen Stimme im veröffentlichten Podcast

nach einem ehrlichen und wertschätzenden Feedback. Das kann dir helfen, deinen Podcast zu verbessern. Willst du deinen Podcast über deinen Freundeskreis hinaus bekannt machen? Dann solltest du dich bei Podcast-Plattformen wie „Podbe" anmelden und dafür sorgen, dass dein Podcast bei iTunes abonniert werden kann. Auf solchen Plattformen suchen Hörerinnen und Hörer immer wieder nach neuen Podcasts, die sie noch nicht kennen.

Doch wie soll sich dein Podcast anhören? Wenn du alleine sprichst, dann ist das ein Monolog. Hier solltest du darauf achten, den Text nicht einfach abzulesen. Besser sind frei gesprochene Stücke. Du kannst Stichworte zum Thema deines Podcasts sammeln. Wenn du einen Podcast über vegane Ernährung machst, dann erzählst du frei dazu, jedoch entlang deiner vorbereiteten Stichwortliste. Leichter kann es sein, wenn man zu zweit über ein Thema spricht. Das geht in Form eines Gesprächs, bei dem beide reden, Fragen stellen und Antworten geben. Alternativ könntest du dein Gegenüber auch anhand einer Liste mit Fragen interviewen.

Wenn du aufwendiger mit Ton experimentieren möchtest, kannst du ein Audioprogramm, wie z. B. das auf Seite 55 erwähnte „Audacity", verwenden. Damit lassen sich Versprecher oder ganze Passagen bearbeiten. Beim digitalen Schnitt deiner Tondateien könntest du Musik oder lustige Geräusche hinzufügen. Allerdings musst du dann darauf achten, dass die Geräusche urheberrechtsfrei sind (siehe Kasten „Urheberrecht"). Wenn du fit im digitalen Audioschnitt bist, könntest du z. B. Statements von Leuten zu einem bestimmten Thema sammeln und alle Aussagen aneinanderschneiden, um so eine Vielfalt von Meinungen gegenüberzustellen. Achte aber darauf, dass du die Aussagen fair präsentierst, denn alle Mitmachenden sollen sich mit dem fertigen Podcast wohlfühlen.

Urheberrecht – was darf ich?

Die Rechte für ein „Werk" (Foto, Song, Text o. Ä.) liegen immer bei der Urheberin. Bist du das nicht selbst, musst du diese Person um Erlaubnis für eine Verwendung fragen. Oft geht das über Facebook oder per E-Mail. Andernfalls kümmern sich Organisationen wie die GEMA (für Musik), VG Wort (für Texte), VG Bild-Kunst (für Bildmaterial) bzw. kommerzielle Agenturen um die „Wahrnehmung der Rechte" und verlangen in der Regel Gebühren für die Verwendung. Der einfachste Weg ist, nur Dateien auszuwählen, die unter der „Creative Commons Licence" unter gewissen Bedingungen (z. B. Nennung des Urheber-Namens) frei nutzbar sind. Dazu gibt es Bildersuchmaschinen wie Pixabay.com, die lizenzfreies Material anbieten. Auch bei Google kann man solche Bilder herausfiltern. (Mehr dazu auf S. 107)

interview mit

Tine Nowak, Medien-Pädagogin

<u>Warum podcastest du?</u> Schon als Kind habe ich mit meiner Schwester oder meinen Freundinnen Hörspiele am Kassettenrekorder aufgenommen. Ich fand Radio immer toll, aber Radio machen kann man nicht einfach so. Da gibt es die großen Sender und feste, abgezählte Radiolizenzen. Ausnahmen sind Bürgerradios (die gibt es in manchen großen Städten) oder Piratensender (die sind sogar verboten). Podcasting ist wie Radio ohne Funk, meist ohne Werbung, ohne Vorschriften und ich kann die Tondatei jederzeit selbst aufnehmen, selbst entscheiden, über was ich rede, und selbst im Internet veröffentlichen.

<u>Gibt es viele Mädchen und Frauen, die podcasten?</u> Die bekanntesten deutschsprachigen Podcasts werden bisher von Männern gemacht. Das sind dann oft Gesprächspodcasts, in denen mehrere Nerds über Technik, Computer oder das Internet quatschen. Manche sagen Laber-Podcasts dazu, denn so eine Sendung kann auch mal zwei bis drei Stunden lang sein. Anders als im Radio gibt es im Internet ja keine Zeitbeschränkung. Es gibt natürlich auch podcastende Frauen. Das haben aber lange nur wenige mitbekommen, meist kannte man nur drei oder vier Podcasterinnen.

2014 hat ein großes Nachrichtenmedium über Podcasts als Nische berichtet. Podcasts von Frauen seien zusätzlich eine Nische in der Nische. Die Medienforscherin Nele Heise hat daraufhin eine offene Liste ins Web gestellt und dort wurden von vielen Leuten Podcasts

von Frauen gesammelt. Innerhalb von zwei Wochen wurde deutlich, dass es allein in Deutschland weit mehr als 100 Podcasterinnen gibt.

Welche Podcasts würdest du empfehlen? Für den Einstieg „Klogschieters". Das ist Norddeutsch für Klugscheißer, und damit sind die Schwestern Mareile und Lovis gemeint, die zusammen mit ihrem Papa Toby den Podcast aufnehmen. Die Episoden sind zwischen zehn Minuten und einer Stunde lang. Oft geht es um Alltägliches, wie gemeinsam Glückskekse öffnen und über die Prophezeiungen diskutieren. Manchmal machen sie Ausflüge, z. B. zu einem Forschungsinstitut in Hamburg, und berichten im Nachhinein davon. Mein zweiter Podcast-Tipp ist „n00bcore". Die Podcasterin Fiona erklärt Computer darin so, dass alle Menschen es verstehen. (Eine Anleitung von Fiona und mehr zum Thema N00bs gibt es auf Seite 84.)

Links: Alle erwähnten Webseiten und Apps finden sich auf der Linkliste des Kulturkapital-Blogs: www.kulturkapital.org/links

Tine Nowak ist Wissenschaftlerin für Medienpädagogik an der Technischen Universität Darmstadt. Sie hat sich in einem Buch und mit einer Ausstellung am Museum für Kommunikation Frankfurt lange mit DIY-Praktiken und der Kultur des Selbermachens beschäftigt. Ihr privates DIY-Projekt ist der Kulturkapital-Podcast, ein Bildungs-Podcast zu Kultur, Medien und Wissenschaft.

Ein Blog schreiben

Ein Blog ist erst mal einfach eine Webseite, auf der du Texte, Bilder, Videos oder Audiobeiträge veröffentlichst. Neue Beiträge stehen ganz oben und werden als Erstes gelesen, ältere rutschen weiter nach unten. Manche Blogs sind wie persönliche Tagebücher, in denen die Autorinnen über ihre Erfahrungen und Ansichten berichten. Andere sind eher wie kleine Online-Magazine, in denen eine ganze Gruppe von Leuten zu einem bestimmten Thema bloggt. Manche Blogs kommentieren die Weltlage, teilen Rezepte mit anderen oder zeigen die neuesten Modetrends, andere Bloggerinnen kritisieren ihre Lieblingsbücher oder rezensieren die neuesten Technologien – und wieder andere veröffentlichen einfach lustige Fotos von ihrer Katze. Dein Blog kann also alles sein, was du daraus machen willst. Du musst nur überlegen, worüber du bloggen willst, und dann loslegen! Annina Luzie Schmid, Bloggerin und Gründerin der Seite „Girls Can Blog“, erklärt dir, wie es geht.

mindestens 1
so viel du möchtest
keine

Du brauchst:

> Computer mit Webbrowser und Internetzugang
> etwas, das du deinen Leserinnen mitzuteilen hast

Bloggen an sich ist sehr einfach, aber manchmal fehlt eine zündende Themenidee. Denk einfach mal nach: Hast du eine Leidenschaft für Comics, liest ständig neue Bücher oder spielst gerne Computerspiele? Gärtnerst du besonders gerne oder fotografierst in der Stadt ausgefallene Hunderassen? Dank der vielen bildbasierten Blogs, die es heute gibt, musst du nicht einmal gerne oder besonders gut schreiben können – auf Seiten wie Tumblr oder Pinterest kannst du auch fast ohne Worte bloggen.

Um ein Thema zu finden, kann es auch helfen, dich umzusehen, was andere machen. Welche Beiträge bekommen welche Überschrift? Welches Foto wird zu welchem Thema gewählt? Wie sieht das Blog aus und welche Elemente gehören dazu (z. B. ein Archiv aller Beiträge, eine „Blogroll", die befreundete und themenverwandte Blogs listet und eine „Über mich"-Seite)?

Ein RSS- oder Feedreader (engl. etwa „Eingabeleser") ist ein Computerprogramm, das sogenannte „Feeds" einliest und für dich gebündelt darstellt. Feeds werden von den Betreiberinnen von Nachrichtenseiten, Blogs und Foren angeboten, um über neue Beiträge auf dieser Webseite zu informieren. Als Benutzerin musst du diese Seiten dann nicht mehr einzeln aufsuchen, sondern kannst ihre Feeds abonnieren und dann mit einem Blick auf deinen Feedreader feststellen, ob etwas Interessantes für dich dabei ist.

Gut ist es auch, sich vorher ein paar grobe Gedanken dazu zu machen, was das Blog deinen Leserinnen sagen soll: Soll er sie zu einem bestimmten Thema bilden (z. B. Schulpolitik) oder unterhalten? Oder etwas über seine Macherin – dich – erzählen (Achtung, lies vorher auf S. 128, was du dabei lieber nicht über dich preisgeben solltest)? Gibt es Themen, in denen du dich sehr gut auskennst oder über die du selbst etwas lernen willst?

Das eigentliche Aufsetzen des Blogs ist danach der leichteste Teil. Bei sogenannten gehosteten Blogdiensten wie Blogspot oder Tumblr kannst du dir kostenlos ein eigenes Blog einrichten und sofort anfangen zu posten. Dazu musst du weder ein besonderes Programm installieren noch eine Programmiersprache beherrschen. Ein Computer mit einem Webbrowser genügt.

Hast du dein Blog einmal am Start, geht es ans Vernetzen. Wo sind Leute, die sich für dieselbe Sache interessieren wie du? Auf anderen Blogs, auf Twitter, Facebook, Instagram, in Foren? Beteilige dich an den Diskussionen, die andere im Netz gerade führen – mit Kommentaren oder indem du in deinem eigenen Blog

Bezug darauf nimmst. Nutze einen RSS-Reader [siehe Kasten], um up to date zu bleiben.

Weise deine Quellen in deinen Blogposts immer eindeutig aus [indem du z. B. auf die Quelle verlinkst], damit deine Leserinnen erfahren können, woher du deine Informationen beziehst. Antworte auf Kommentare und E-Mails und sei vor allem nett im Umgang mit anderen. Niemand braucht noch mehr Menschen, die das Internet mit Beleidigungen verpesten.

Leg dir eine Blogroll zu. Sie zeigt deinen Leserinnen auf den ersten Blick, welche Blogs du selbst gerne liest. Und je mehr fremde Blogrolls auf dein Blog verlinken, umso mehr neue Leserinnen finden den Weg zu dir. Frag die Bloggerinnen, die du selbst toll findest, ob sie dich in ihre Blogroll aufnehmen, und nimm sie in deine auf. Vernetzt euch! Es spricht auch nichts dagegen, deine Inhalte über so viele Soziale Netzwerke zu verbreiten wie möglich, besonders am Anfang. Nach einer Weile werden sich die Leserinnen von selbst an dein Blog erinnern und vorbeischauen.

Grundsätzlich ist es toll, wenn du viel Zeit und Herzblut in dein Blog stecken kannst. Besonders am Anfang ist es gut, täglich einen Beitrag zu posten, damit deine Leserinnen dich kennenlernen. Viel wichtiger als die Frage, wie oft du postest, ist aber, was du postest. Denn: Aus Qualität folgt Quantität! Je interessanter dein Blog, desto mehr Leserinnen wirst du haben. Du wirst sehen, dass es überhaupt nicht anstrengend ist, bei der Stange zu bleiben, sondern tierisch viel Spaß macht. Und wenn du doch mal keine Lust hast: macht nichts, die kommt bald wieder!

Annina Luzie Schmid ist Social-Media-Beraterin, Bloggerin und Yogini. Nach verschiedenen Stationen, u. a. in Kuala Lumpur, London und Berlin, wohnt sie heute in Toronto. Ihre Seite „Girls Can Blog“ stellt von Frauen und Mädchen betriebene Blogs vor. Ein toller Ausgangspunkt also, um neue Bloggerinnen zu entdecken. girlsblogtoo.blogspot.de

DOKUMENTIER DAS!

Ein Video-Interview drehen

1 bis 3
3 bis 6 Stunden
wenn du ein Smartphone hast oder leihen kannst, gar keine

Technik selbst in die Hand zu nehmen, ist eine tolle Möglichkeit, die Stimmen von Mädchen und Frauen zu verstärken, die du in der Öffentlichkeit hören willst, und deren Meinung laut und klar erklingen zu lassen. Egal ob für eine Kampagne gegen Gewalt und Diskriminierung, als Promovideo für deine Band oder um eine andere Frau vorzustellen, deren Arbeit du toll findest – ein Video-Interview ist hier eine super Idee. Du bist die Regisseurin! Alles, was du brauchst, ist ein Smartphone. Interviewe andere interessante Mädchen und Frauen an deiner Schule, in deiner Familie oder eurer Nachbarschaft. Hole ihre Meinungen ein, bitte sie um Erlaubnis und veröffentliche dein Video im Netz für ein Weltpublikum.

Frag deine Interviewpartnerin an, erkläre ihr, wozu du sie gerne interviewen möchtest, wie lange es dauern wird und was du mit dem Video vorhast.

Mach einen Treffpunkt aus. Für Videos ist gutes Licht sehr wichtig. Geh am besten mit deiner Interviewpartnerin nach draußen, solange es hell ist, oder suche einen Ort mit viel Tageslicht.

Du brauchst:

> Smartphone oder Tablet mit Kamera
> evtl. ein Stativ
> Apps oder Programme, um das Video zu schneiden

Was willst du von deiner Interviewpartnerin wissen? Stell am besten möglichst offene Fragen, also solche, die nicht einfach mit „Ja“ oder „Nein“ zu beantworten sind, sondern zum Erzählen anregen. Wenn du z. B. fragst: „Warum gefällt dir die Band?“, bekommst du sicher eine interessantere Antwort als auf die Frage „Gefällt dir die Band?“. Offene Fragen beginnen z. B. mit „Wer“, „Wo“, „Was“, „Wann“, „Wie“, „Warum“ oder „Woher“. Schreib dir deine Fragen am besten auf.

Ein goldener Tipp für jede Handykamerafrau: Wenn du mit dem Handy filmst, dann halte das Gerät waagerecht, nicht senkrecht. Unsere Augen sind aus dem Fernsehen und Kino horizontale Bilder gewöhnt und auch die meisten Videos im Netz haben dieses Format. Das Breitbildformat ist also das sinnvollste, wenn du dein Video später zeigen oder im Netz veröffentlichen willst. Hältst du das Gerät dagegen hochkant, hast du später zwei unschöne schwarze Balken, die dein Video von links und rechts wie ein dickes Sandwich auf dem Bildschirm zusammenquetschen.

Tipp!

Im normalen Gespräch ist es höflich, ab und zu ein bestätigendes „Mmmh“ von sich zu geben, um zu signalisieren, dass man zuhört. Beim Filmen solltest du das vermeiden, damit du später nicht deine eigene Stimme auf der Aufnahme hast. Stattdessen Augenkontakt halten und nicken – und deine Gesprächspartnerin vorher darauf hinweisen, damit sie dich nicht für unaufmerksam hält.

Vermeide es, stark an dein Filmsubjekt ranzuzoomen. Verwackelte Aufnahmen entstehen oft beim Zoomen. Gehe stattdessen lieber näher an dein Motiv heran.

Halte das Smartphone oder Tablet so stabil wie möglich. Egal, wie sicher deine Hand ist, jedes Mini-Zittern oder -Wackeln überträgt sich auf die Kamera. Wenn du ein Stativ hast: super, benutze es. Falls du keines hast, auch nicht schlimm, du kannst trotzdem Stabilität ins Bild bringen – zum Beispiel, indem du das Gerät mit beiden Händen hältst. Zusätzlich kannst du deine Arme oder gleich das ganze Gerät auf einer stabilen Unterlage ablegen – ein Tisch oder eine kleine Mauer können da sehr praktisch sein.

Die Mikrofone der meisten Smartphones sind nicht besonders hochwertig und nehmen jedes Umgebungsgeräusch ungefiltert auf. Der Ton klingt dann schnell verrauscht oder knarzt übersteuert. Für viele Smartphones gibt es externe Mikrofone, die du in die Kopfhörerbuchse stecken kannst. Aber auch ohne zusätzliches Equipment kannst du den Ton verbessern. So hilft es bei Wind oder lauter Musik im Hintergrund manchmal schon, wenn du einen Finger über das Mikrofon legst, um den Sound zu dämpfen. Um die Stimme deiner Interviewpartnerin deutlich aufzunehmen, geh bei der Aufnahme möglichst nah heran. Und achte darauf, deine Hände beim Dreh ruhig zu halten und keine zusätzlichen Geräusche zu verursachen.

Es gibt Apps, mit denen du deine Clips direkt auf dem Smartphone schneiden kannst. Die meisten kosten nur ein paar Euro. Wenn du das Video am Computer schneiden willst, kannst du eines der Programme verwenden, die auf dem Rechner installiert sind („iMovie" bei iOS oder „Movie Maker" bei Windows). Für Linux kannst du dir kostenlos die offenen Programme „Kino" oder „Kdenlive" herunterladen (mehr dazu im Kasten „Open Source" auf S. 92).

Veröffentliche dein Video im Netz und promote es über dein Blog oder Social Media. Aber ganz wichtig: Lade nie ein Video von einer Person hoch, ohne sie um Erlaubnis gebeten zu haben!

Übrigens

Mach eine Testaufnahme, bevor das Interview losgeht. Es gibt nichts Ärgerlicheres, als ein tolles Interview geführt zu haben, und dann war das Mikro aus oder deine Interviewpartnerin ist kaum zu erkennen. Stell dich nicht zu weit von der Person auf, damit im Bild keine Lücke zwischen euch entsteht. Wenn du die Kamera hältst, bitte die Person, nicht zur Kamera, sondern in deine Richtung zu gucken. Den meisten fällt es leichter, mit einem Menschen als mit einem Gerät zu sprechen.

Kerstin Risse ist Medienpädagogin in Reutlingen und zeigt Menschen, wie sie Medien nicht nur konsumieren, sondern selber produzieren können. Zurzeit gibt sie Videoseminare an Schulen und begleitet ein Mädchenbandprojekt mit der Kamera. www.medien-und-mehr.net

WISSEN FÜR ALLE – VON ALLEN

An der Wikipedia mitschreiben

Die gratis Online-Enzyklopädie Wikipedia, bei der alle mitschreiben dürfen, ist an Zugriffen gemessen die sechstgrößte Webseite der Welt! Dafür, dass sie allen zum Mitgestalten offensteht, ist sie aber eine ziemlich geschlossene Veranstaltung. Neun von zehn Beitragenden der Wikipedia sind weiß, männlich und unter 30 Jahren. So kommt es, dass in der deutschen Wikipedia rund 416.000 Männerlebensläufe zu finden sind – und nur 72.000 Lebensläufe von Frauen! Was in diesem größten Nachschlagewerk der Welt von Bedeutung ist, darüber bestimmen also hauptsächlich Männer und Jungs. So fehlen viele Themen, die Mädchen und Frauen wichtig und notwendig finden. Das kann sich nur ändern, wenn du mitmachst.

1 bis viele

mehrere Stunden bis Wochen

keine

Wenn du z. B. alle Langhaarkatzenrassen aufzählen kannst, ohne im Internet nachzugucken, hast du schon das Zeug zur Wikipedianerin! Denn die Online-Enzyklopädie besteht, laut ihrer Präsidentin Sue Gardner, aus den gesammelten Wissenskrümeln ihrer Community.

Die ersten Schritte in der Wikipedia können etwas kompliziert aussehen. Um dir den Einstieg leichter zu machen, kannst du dich auf der Seite „Erste Schritte“ der deutschen Wikipedia umsehen. Oft enden die ersten Versuche, einen Artikel anzulegen, in Diskussionen, die auf Neulinge verwirrend und im schlimmsten Fall abschreckend wirken. Dieser Umstand hält Mädchen und Frauen oft eher davon ab, weiterzumachen, als Männer, weil sie sich selbst die Verantwortung für den vermeintlichen Fehler geben. Deswegen treffen sich weibliche Wikipedia-Fans häufig bei

„Edit-a-thons", also „Editierpartys", bei denen sie gemeinsam an Artikeln arbeiten und Wissen austauschen. Auf de.wikipedia.org/wiki/Wikipedia:Wikimedia_Deutschland/Women_edit findest du Infos zu den nächsten Netzwerktreffen oder Edit-a-thons.

Am besten, du legst dir erst mal mit einem Klick auf „Anmelden" oben rechts auf der Wikipedia-Seite ein eigenes Nutzerinnenkonto an. So hast du auch die Möglichkeit, Bilder hochzuladen und mitzudiskutieren. Bevor du loslegst, musst du dich entscheiden, ob dein Nutzername neutral oder eindeutig weiblich sein soll. Erfahrene Wikipedianerinnen berichten leider, dass Beitragende mit weiblichen Nutzernamen in Diskussionen heftiger angegangen werden. Das spricht für die Wahl eines neutralen Nutzernamens für den Anfang. Ein weiterer Tipp für Neulinge: Schau dich unter den Themen um, bei denen du dich auskennst, und versuche, durch kleinere Bearbeitungen, z. B. die Korrektur von Schreibfehlern auf einer Seite, dich mit dem Artikeleditor vertraut zu machen. Wenn du schon etwas geübt hast, einen eigenen Artikel verfassen willst, dich aber noch nicht inspiriert fühlst, findest du im Wikiprojekt Frauen (de.wikipedia.org/wiki/Portal:Frauen) und auf der Wikipedia-Seite „Artikelwünsche" Hinweise dazu, was in der Wikipedia noch alles fehlt.

Achtung

Das Bearbeiten funktioniert auf jeder Wikipedia-Seite gleich: Über einen Klick auf „Bearbeiten" oben rechts kommt die Seite in den Edit-Modus und kann ergänzt oder korrigiert werden. Über den Klick auf „Speichern" unten links wird die Änderung gespeichert. Änderungen werden nicht sofort sichtbar, sondern von erfahreneren Mitgliedern freigegeben. Das soll mutwillige Beschädigungen der gemeinschaftlichen Enzyklopädie verhindern.

Juliane Leopold war schon im Internet, als es dafür noch eigene Cafés in der Karstadt-Jugendabteilung gab, und editiert seit Kurzem an der Wikipedia mit. Sie studierte Publizistikwissenschaft in Berlin und arbeitet nach Stationen bei der Wochenzeitung „Freitag", „NZZ" und „Zeit Online" heute als Chefredakteurin für „BuzzFeed Deutschland".

EIN VERZEICHNIS VON ABSOLUT ALLEM

Im Web suchen und finden

Egal, ob du ein WLAN einrichten oder deinen Drucker mit dem Computer verbinden willst, die aktuellsten Antworten auf alles, wirklich absolut alles im Zusammenhang mit Technik, findest du im Netz. Du musst nur wissen, wo du suchen musst. Und wie du deine Frage richtig stellst.

nur du

je nachdem, wie schlau du vorgehst: 5 Minuten bis mehrere Stunden

gar keine

Manchmal bieten die Firmen, die ein bestimmtes Gerät oder Programm herstellen, selbst ein FAQ („Frequently Asked Questions", „Häufig gestellte Fragen") mit Antworten und Lösungsvorschlägen an. Noch öfter wirst du deine Antwort jedoch in einem Online-Forum finden – beantwortet von anderen, die schon das gleiche Problem hatten wie du. Das ist ja das Tolle am Internet: Es vernetzt dich mit vielen anderen Menschen, die ihre Erfahrungen mit dir teilen können

Suchst du nach einer Lösung für ein bestimmtes Problem, sagen wir mit einem Drucker, hilft es, die genaue Bezeichnung des Geräts zu kennen. Bei Programmen und Betriebssystemen solltest du die genaue Version kennen. Dann kannst du deine Frage präziser stellen und auch anders in eine Suchmaschine eingeben, z. B. so: „Canon Pixma MP600 neue Kartusche" oder „WLAN einrichten Mac OS X". Nach dem ersten Suchdurchgang wirst du Hinweise darauf finden, wie du deine Frage noch besser formulieren kannst, wie viele andere Nutzerinnen schon das gleiche Problem hatten und welche Lösungen sie dafür gefunden haben. Manchmal kommt vielleicht auch heraus, dass es genau für dein Problem keine Lösung gibt. Aber damit bist du auch schon schlauer als vorher.

Übrigens

Für die Suche im Netz gibt es sogenannte Internet-Suchmaschinen. Sie durchforsten alle Seiten im World Wide Web regelmäßig nach Informationen und speichern die Schlagworte in Verzeichnissen ab. Wenn du dann Suchanfragen in diese Maschinen eingibst, können sie dir binnen Sekunden Hinweise darauf geben, wo du zu den jeweiligen Schlagworten fündig wirst.

ICH BIN MEINE EIGENE SENDUNG

So geht YouTuben

mindestens 1
mehrere Stunden bis Monate
keine

Die Berliner Rapperin Sookee hat einmal gesagt: „YouTube ist das Google der jungen Leute". Damit meinte sie, dass viele Erwachsene, wenn sie heute etwas wissen wollen, im Internet bei Google suchen – Jüngere sich aber lieber ein Video-Tutorial anschauen. Auf jeden Fall ist der riesige Erfolg von manchen YouTube-Kanälen etwas, das viele Erwachsene nicht kapieren, für jüngere Leute aber extrem wichtig ist. Weil sie sich hier nicht nur Wissen, sondern auch jede Menge Unterhaltung holen.

Das Wichtigste bei YouTube ist, dass du dir ein Thema aussuchst, das dich wirklich interessiert. Natürlich ist es von Vorteil, wenn man auch technisch auf Kurs ist. Aber es reicht völlig aus, sich eine günstige Kamera zu kaufen oder zu leihen und sich mithilfe eines Stativs zu filmen. Dass es „selbst gemacht" wirkt und nicht wie eine Fernsehsendung, das macht YouTube gerade aus.

Als Nächstes solltest du dir Gedanken machen, wie du deine Ideen vermitteln und wie du rüberkommen willst. Eher witzig oder ernst? Probiere aus, wie du auftreten und sprechen willst, welche Gesichter und Gesten du machst – willst du möglichst so erscheinen, wie dich deine Freundinnen im Alltag kennen, oder willst du im Netz eine ganz andere Person sein? Am besten machst du ein paar Probeläufe – frei sprechen, ohne sich zu verhaspeln, ist nämlich am Anfang gar nicht so leicht.

Tipp!

Es kann helfen, eine Facebook-Seite zu starten sowie einen Twitter-Account zu eröffnen. Wenn deine Zielgruppe nicht unbedingt auf YouTube unterwegs ist, kannst du sie über Facebook beispielsweise auf deine neuen Videos aufmerksam machen und den direkten Kontakt zu den Userinnen und Usern suchen.

Was soll in deinem Kanal zu sehen sein? Nur du, allein in deinem Zimmer, oder auch andere Leute, die du triffst oder interviewst? Irgendwelche Dinge, die du in die Kamera hältst, bestimmte Lokalitäten, wie Parks, Straßen, Veranstaltungsräume?

Überleg dir, vor welchen Hintergründen du auftreten willst oder ob diese Hintergründe (z. B. Denkmäler, Straßenschilder, Graffiti) vielleicht auch eine tragende Rolle spielen sollen.

Wenn du deine ersten Beiträge gefilmt und online gestellt hast, kommt der Schritt, der fast der schwierigste ist: Wie mache ich meinen wunderbaren neuen Kanal so bekannt, wie er es verdient hat? Es gibt unfassbar viele Projekte auf YouTube, und da ist es gar nicht so leicht, sein eigenes hervorzuheben.

Der direkte Kontakt mit den Zuschauerinnen und Zuschauern ist extrem wichtig, da die Leute im Netz mitdiskutieren und mitbestimmen möchten. Deswegen sollte man immer versuchen, die Kommentare zu beantworten und die Meinungen der Userinnen und User wirklich ernst zu nehmen.

Du solltest auch wissen, dass die YouTuber-Szene ziemlich eingeschworen ist. Es gibt zahlreiche Netzwerke (professionelle Produktionsfirmen heißen bei YouTube „Netzwerke", das klingt irgendwie netter, und man merkt nicht sofort, dass es dabei um viel Geld geht), die YouTuberinnen und YouTuber unter Vertrag haben. Diese kooperieren dann auch nur mit Leuten innerhalb ihres Netzwerks, was für dich als Newcomerin natürlich eher ungünstig ist.

Außerdem kooperieren erfolgreiche YouTuberinnen und YouTuber ungern mit solchen, die noch nicht so erfolgreich sind, weil sie sich auch etwas von der Zusammenarbeit erhoffen.

Trotzdem solltest du dich davon nicht entmutigen lassen, sondern dir stattdessen Leute suchen, die von deinen Inhalten begeistert sind. Das müssen nicht immer die sein, die selbst schon einen Kanal haben, sondern es können ganz andere sein, die vielleicht bei Instagram oder Flickr unterwegs sind – oder auch offline! Wenn du einen Kanal mit politischen Themen hast, triffst du sie eventuell auf Diskussionen oder Demos; wenn du gerne Witzsendungen machst, vielleicht auf einer Comedy-Veranstaltung. Eine Idee wäre auch, kleine Visitenkärtchen oder Flyer mit dem Namen und einer kurzen Beschreibung deines Channels anzufertigen, die du bei Bedarf auslegen oder verteilen kannst.

Interessante YouTube-Kanäle:

auf Deutsch:
> Grrrlsteam
> Kelly MissesVlog
> Riotschminke
> Marie Meimberg

auf Englisch:
> TheeKatsMeoww (von Kat Lazo)
> Feminist Frequency

interview mit tarik tesfu alias tariks genderkrise

Im Gegensatz zu vielen Kolleginnen und Kollegen beschäftigt sich der YouTube-Neuling in den Videos auf seinem Kanal weder mit Comedy und Computer-Games noch mit Shopping und Beautyprodukten, sondern mit einem ernsten Thema, das von ihm unglaublich lustig aufbereitet wird: mit dem, was von manchen Leuten verächtlich „Genderwahn" genannt wird, in Wirklichkeit aber einfach die Bemühung darum ist, dass Menschen nicht auf Dinge wie ihr Geschlecht oder ihre sexuelle Orientierung reduziert werden. In den Straßen seiner Heimatstadt Köln quatscht der sympathische Tarik frech, offen und klug über diese Vorurteile und scheut sich dabei auch nicht, engstirnige Zeitgenossinnen und -genossen aufs Korn zu nehmen.

Was hat für dich den Ausschlag gegeben zu sagen: YouTuben – das kann ich auch! Eigentlich hatte ich nie das Ziel, auf YouTube ein Projekt zu starten. Bevor die „Genderkrise" ein YouTube-Projekt geworden ist, habe ich mich bei mehreren Produktionsfirmen beworben. Denn für mich war klar, die „Genderkrise" gehört ins TV.

„Leider" hatte keine Produktionsfirma Interesse an dem Projekt und ich musste umdenken. Das durchaus Positive an YouTube ist ja, dass Privatpersonen wie du und ich ihr persönliches Ding durchziehen können. Ich hatte die Möglichkeit, mir mein eigenes Team zusammenzustellen, ich kann kreative Inhalte posten, ohne dass mir jemand „von oben" reinquatscht. Ich bin mein eigener Boss, und das ermöglicht mir Freiheiten, die ich bei klassischen Medien nicht hätte. Es war also eher eine Not, die aber jetzt viele positive Effekte mit sich gebracht hat.

<u>Wie hast du dein Thema gefunden bzw. was war zuerst da: das Thema oder der Wunsch, zu „senden"?</u> So ganz genau weiß ich nicht mehr, was zuerst da war, aber ich glaube, mit minimalem Vorsprung das Thema. Ich beschäftige mich ja schon länger mit der Gender-Thematik, und mir war auch schnell klar, dass ich ein mediales Produkt über Gender Studies machen möchte.

<u>Wie „echt" ist YouTube für dich?</u> Es wird immer gesagt, YouTube sei so authentisch. Aber ich muss mich schon manchmal fragen, wie „echt" eine Person sein kann, wenn sie weiß, dass sie gerade gefilmt wird. Sobald die Kamera an ist, beginnt schon eine Inszenierung – aber das ist auch gut so, finde ich!

Für mich bedeutet authentisch auf YouTubisch nicht unbedingt, dass man sich so verhält wie im realen Leben, sondern dass man sich ein Thema heraussucht, das einen wirklich interessiert, und Dinge so anspricht, wie man sie auch fühlt.

Zu denken, dass YouTuberinnen und YouTuber vor der Kamera genau dieselben Personen wie dahinter sind, ist in meinen Augen Unsinn und mittlerweile nicht mehr als eine Marketingstrategie.

<u>Köln sieht in deinen Videos manchmal aus wie New York – wie machst du das?</u> Die Tatsache, dass Köln in meinen Videos so „street" ausschaut, liegt natürlich daran, dass ich mir nur die coolen und hippen Orte in meiner Stadt raussuche. Hier merkt man ja auch wieder, dass man mit einer Kamera sehr viel inszenieren kann. So wie ich vor der Kamera auch nur einen kleinen Teil meiner Person preisgebe, kann ich auch einen Ort nur von einer bestimmten Seite präsentieren.

Tarik Tesfu hat in Wien Publizistik und Kommunikationswissenschaften sowie Gender Studies studiert. Sein Studium hat er selbstbestimmt (ohne Abschluss) beendet und hüpft seit 2015 als Gender-Messias durchs Netz. Auf seinem YouTube-Kanal „Tariks Genderkrise" postet er wöchentlich Videos und hat dabei eine klare Botschaft: Genderlove!

ENGAGIE
UND VER

Noch nie war es so einfach wie heute, verschiedenste Formen von Technologien für die eigenen Zwecke zu nutzen und als Gruppe sichtbar zu werden. Mithilfe von Internet und mobiler Kommunikation kannst du im Handumdrehen politisch aktiv und dadurch öffentlich gehört werden. Andererseits haben genau diese Technologien auch ihre Schattenseiten, weil sie sehr viel Müll produzieren, der häufig einfach in ärmeren Ländern abgeladen wird. Wenn dir also genau das oder auch etwas anderes nicht passt und du für eine Sache aufstehen willst, findest du in diesem Kapitel vielfältige Möglichkeiten, dein Anliegen kundzutun und Gleichgesinnte zu mobilisieren.

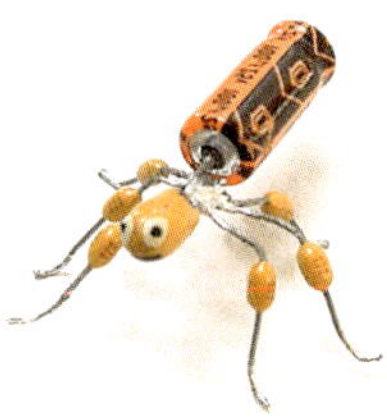

Seite 74
Eine Online-Petition starten

REN
NETZEN

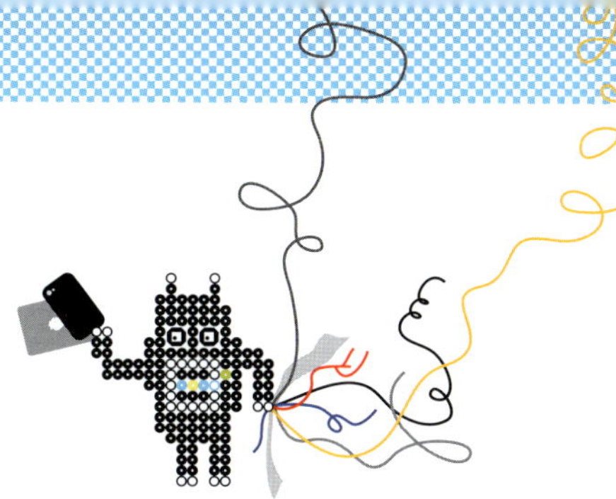

Yo!

Wirf die Netze nach Gleich-gesinnten aus

Seite 77

Eine Kampagne planen

Seite 75

Seite 78

Spuren im Netz verwischen

GEKOMMEN, UM UNS ZU BESCHWEREN

Eine Online-Petition starten

- möglichst viele
- meistens mehrere Monate
- keine

Du willst dich für den Erhalt des Jugendzentrums in deiner Gemeinde starkmachen oder eine Klassenkameradin vor der Abschiebung bewahren? Mit einer Online-Petition kannst du dich für dein Ziel einsetzen. Eine Petition ist ein Anliegen, für das du Unterschriften von Gleichgesinnten sammeln kannst. Nach einem bestimmten Zeitraum werden alle Unterschriften der zuständigen Stelle oder Person übermittelt, die dann über Annahme oder Ablehnung der Petition entscheidet.

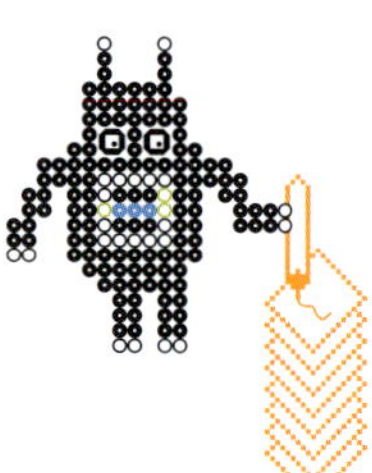

In nur wenigen Schritten können auf Seiten wie „openPetition“ oder „E-Petition“ neue Petitionen erstellt werden. Bei Ersterer werden zuerst die Unterschriften gesammelt und dann beim Deutschen Bundestag eingereicht, bei Letzterer – einer offiziellen Website des Deutschen Bundestages – wird die Petition erst beim Bundestag eingereicht, und dann werden die Unterschriften gesammelt. Eine weltweit agierende, unabhängige Plattform ist change.org, die, laut eigenen Angaben, ohne politische Vorgaben „Menschen weltweit die Möglichkeit geben will, sich für die Welt einzusetzen, in der sie leben möchten“.

Auf jeden Fall ist es wichtig, in knappen, klaren und überzeugenden Worten darzulegen, warum möglichst viele Menschen dein Anliegen unterstützen sollten.

Sobald du die Petition erfolgreich erstellt hast, solltest du möglichst viele Unterzeichnerinnen über deine privaten Kontakte, E-Mail-Listen oder Sozialen Netzwerke mobilisieren. Denn je mehr Menschen gegen etwas protestieren oder sich für etwas aussprechen, desto schwieriger wird es, sie zu ignorieren.

HÖRT MIR BITTE ALLE MAL ZU!

Eine Kampagne planen

Vielleicht nervt es dich, dass Mädchen immer rosa Spielzeug geschenkt bekommen, während Jungs Piraten spielen sollen. Oder dass manche Leute glauben, Mädchen wären nicht so gut in Mathe wie Jungs. Wie Menschen über gewisse Dinge denken, lässt sich nicht per Gesetz regeln. Aber man kann eine Veränderung im Denken bewirken, wenn man Leute auf andere Ideen bringt. Um für deine Überzeugungen möglichst viel Aufmerksamkeit zu bekommen, eignet sich eine Kampagne – eine Art Feldzug für die gute Sache. Soziale Medien sind dabei eine großartige Unterstützung!

möglichst viele

Wochen, Monate oder Jahre

keine

Zunächst solltest du deine Forderung formulieren und Gleichgesinnte für deine Ideen finden. Wie viele das dann am Ende sind, ist gar nicht so wichtig, solange ihr wirklich für eure Sache brennt. Vielleicht gibt es auch schon andere Gruppen oder Organisationen,

Tipp!

Weitere nützliche Hinweise findest du auf der (englischsprachigen) Website www.takebackthetech.net, die auch als Inspiration für diese Anleitung gedient hat.

die sich für dein Thema einsetzen? Recherchiere vorab am besten mit griffigen Suchbegriffen im Internet und schließe dich gegebenenfalls einer existierenden Gruppe an.

Formuliert im Team in möglichst klarer und gleichzeitig mitreißender Sprache ganz genau, was euch stört und was ihr erreichen wollt. Verfasst einen kurzen Text, in dem ihr beschreibt, über was ihr euch ärgert und was sich eurer Meinung nach ändern müsste, damit sich die Situation verbessert. Diesen könnt ihr dann in allen Sozialen Medien, aber auch für Flugblätter oder Flyer verwenden, wenn ihr wollt. Falls ihr Twitter verwendet, überlegt euch einen passenden Hashtag.

Nicht vergessen solltet ihr, die Kampagne zu dokumentieren: einerseits also eure Arbeitsschritte aufzuschreiben, damit es das nächste Mal schneller geht, andererseits mit Fotos, Videos, Textberichten oder Tonaufnahmen festzuhalten, was ihr alles gemacht habt und wie die Leute darauf reagiert haben. Dieses Material könntet ihr nämlich wiederum für die Kampagne selbst verwenden, um es z.B. an die Presse zu schicken.

Denkt gemeinsam über verschiedene Aktionsformen nach, mit denen ihr möglichst viel Aufmerksamkeit in der Öffentlichkeit erregt. Macht ein Brainstorming, bei dem ihr ganz frei alle Ideen übersprudeln lasst, sie aufschreibt und dann am Ende in Ruhe auswählt, was davon eurer Meinung nach am besten funktionieren wird. Habt ihr originelle Slogans, die ihr bei Facebook teilen könnt, oder tolle Zeichnungen, die ihr z. B. auf Instagram posten möchtet? Überlegt euch auch, wer die Personen(gruppen) sind, die ihr erreichen wollt – andere Jugendliche an eurer Schule, die ganze Stadt, das ganze Land oder gleich die ganze Welt?

Macht euch einen Plan, wie ihr vorgehen wollt und wer welche Aufgaben übernimmt. Überlegt euch, wann ihr welche Schritte machen wollt, um einen möglichst effektiven Ablauf zu gewährleisten.

Jetzt kommt der eigentliche Teil: Geht an die Öffentlichkeit und verbreitet eure Kampagne, so weit es euch möglich ist. Dafür könnt ihr eure persönlichen Kontakte nutzen, eure E-Mail-Listen, eure Facebook- und sonstigen Social-Media-Accounts, aber auch E-Mails an andere Blogs, Webseiten oder Zeitungen senden. Ihr könnt auch einen Auftritt im öffentlichen Raum in Betracht ziehen. Das könnte z. B. das Verteilen von Flugblättern oder eine kleine Performance in der Fußgängerzone oder vor der Schule sein, in der ihr die Themen eurer Kampagne aufgreift.

Yo!

KNÜPF KNÜPF

Wirf die Netze nach Gleich-gesinnten aus

Auch wenn es sie in nächster Nähe nicht gibt, im Internet findest du sie: Leute, die deine Interessen teilen.

Follow: Indem du via Hashtags thematisch suchst – zum Beispiel nach #grrrlpower, #veganberlin, #queerpunk oder was dich sonst interessiert –, wirst du über Personen stolpern, die mit dir Gemeinsamkeiten teilen. Sobald du ihre Kanäle abonnierst, bist du der Netz-Freundschaft einen Schritt näher gekommen.

du selbst und so viele andere, wie du möchtest

je nachdem, wie viel Spaß es dir macht

keine

Talk, talk, talk: Du hast die gleiche nerdige Bettwäsche wie dein Instagram-Crush? Dein Lieblingsblog verdient Lob? Raus damit! Über die Kommentarfunktion kannst du Nachrichten verschicken und der Welt zeigen, dass es dich gibt.

Hallo, Welt! Die Hashtags, nach denen du suchst, kannst du auch benutzen. Schreibe Dinge wie „girls can blog“ wie #girlscanblog und nicht #girls #can #blog – sonst setzt du drei total nichtssagende Hashtags anstatt eines coolen.

Kettenbrief: Verfasse zehn Fragen und verlinke zehn Bloggerinnen dazu, die du um Beantwortung und Weiterverbreitung bittest.

Mach es analog: Auch Brieffreundschaften, ein Mixtape-Tausch und physische Kaffeeverabredungen können passieren. Es ist ein schönes Gefühl, Gesichter aus Instagram-Abonnements oder Skype-Videochats plötzlich im „Real Life“ anzutreffen.

Denk dran

Wichtig ist, dass du nur Dinge tust, mit denen du dich wohlfühlst. Wenn sich eine Person aufdringlich oder unangenehm verhält, darfst du dich distanzieren oder den Kontakt abbrechen. Selbst wenn du eine Person gernhast, aber für tägliches Chatten nicht weit genug bist, ist das okay.

DER DIGITALE FINGERABDRUCK

Spuren im Netz verwischen

1 oder mehrere
ab 1 Minute bist du dabei
keine

Jedes Mal, wenn du dein Mobiltelefon oder das Internet benutzt, hinterlässt du digitale Spuren. Deine Familie und Freundinnen sehen nur das, was du mit ihnen teilst. Die Firmen jedoch, deren Apps du benutzt (z. B. „WhatsApp“, „SnapChat“, „Spotify“ oder „Vine“), und die sogenannten Tracking-Companies, die nachverfolgen, was du auf diesen Seiten machst, die kennen deine komplette Geschichte. All deine Daten werden in einer riesigen Datenbank aufbewahrt! Um mehr Kontrolle über deine eigenen Daten zu bekommen, haben wir sechs Tipps für dich.

Dein „digitaler Schatten“: Jedes Mal, wenn du deinen Freundinnen eine SMS schickst, ein Online-Game spielst oder ein Foto postest, hinterlässt du Datenspuren. Die sind für „normale“ Menschen zwar nicht sichtbar, aber sie existieren. Gucke auf myshadow.org/de nach, was das Netz sich über dich erzählt.

Ortungsdienste ausschalten: Dein Smartphone und seine Apps sammeln Informationen darüber, wo du warst und wo du bist. Nicht alle dieser Daten sind für das Funktionieren deines Telefons wichtig. Schau bei den Einstellungen nach, ob es einen Menüpunkt „Ortungsdienste“ (engl. „Location“) gibt. Auf dem iPhone kannst du beispielsweise sehen, welche Apps Zugriff auf diese Daten haben. Diese Einstellungen kannst du für jede App ändern.

Achtung

Sei neugierig: Wie viel weißt du über die Seiten und Apps, die du nutzt? Hinterfrage, was du benutzt. Weißt du, wie alle Klicks und Likes funktionieren? Bzw. das ganze Internet? Wer kontrolliert das? Schau dir die Videos auf ononymous.org an und finde mehr heraus.

Schnüffel-Schutz: Dein Telefon oder deinen Computer nicht mit einem Passwort zu versehen, ist, wie ein Tagebuch auf dem Küchentisch liegen zu lassen, sodass alle es lesen können. Du solltest deine Geräte also unbedingt mit einem Passwort verschlüsseln! Starke Passwörter sind solche, die lang, komplex und einzigartig sind – und regelmäßig geändert werden. Lerne mehr über gute Passwörter auf Seite 137.

Räum dein Telefon auf: Dabei kannst du Apps, die du nicht mehr verwendest, löschen und die anderen updaten. So verringerst du das Risiko, dass Fremde Zugriff auf dein Telefon haben. Du kannst auch Add-ons wie „Privacy Badger" oder „Adblock Plus" in deinem Browser installieren, die Firmen davon abhalten, deine Daten zu sammeln.

Sicherheitseinstellungen: Jedes Gerät, jede App und jedes Soziale Netzwerk hat Datenschutz- oder Sicherheitseinstellungen (engl. „privacy settings"). Sie sind meistens so vorkonfiguriert, dass sie mehr über dich verraten, als du möchtest. Schau unter „Einstellungen" und dann „Sicherheitseinstellungen" nach und klicke auf die Option, die du möchtest. Wenn du im Netz surfst, bieten dir einige Browser wie Google oder Firefox die Möglichkeit, dies „incognito" oder im „privaten Modus" zu tun: Aber Achtung: Auch hier werden Daten gesammelt, nur weniger.

Stifte Verwirrung: Du kannst auch spielerisch mit der Situation umgehen, indem du irgendwelche ausgedachten „Fakten" über dich in Umlauf bringst. Damit „verkleidest" du deine digitale Persönlichkeit, was die datensammelnden Firmen ordentlich verwirrt. Indem du dich mit Plug-ins wie „AdNauseam" oder „OpenPaths.cc" vergnügst, kannst du deine Geschichte neu erzählen.

Diese Webseiten können dir helfen, deine Daten zu schützen und deine Privatsphäre wirklich privat zu halten: myshadow.org/de und securityinabox.org. Wenn du noch andere Vorschläge zum Thema hast, die hier nicht vorkamen, wollen wir sehr gerne davon erfahren, unter: myshadow@tacticaltech.org

Unter girlswhocode.com oder ignite.globalfundforwomen.org/gallery/ignite-international-girls-hackathon kannst du mit Hackerinnen in Kontakt treten.

Ruby (13) lebt in Berlin, spielt Basketball und tanzt gerne. Fieke (erwachsen) lebt ebenfalls in Berlin und interessiert sich für Datenschutz und digitale Sicherheit. Sie mag gerne surfen, Fußball spielen und mit ihren Freundinnen und Freunden abhängen.

Ganz schön schrottig

Was passiert mit unserem Elektronikmüll?

Wohin verschwinden elektronische Geräte, die wir aussortieren, obwohl sie oft noch funktionieren?

In großen Städten, wie im indischen Delhi, gibt es riesige Berge von hochgiftigem Elektroschrott, den meist sehr arme Männer, Frauen und Kinder auseinandernehmen und dessen wiederverwertbare Bestandteile weiterverkaufen. Es gibt Organisationen, die sich mit diesem Problem auseinandersetzen. Dazu gehören u. a. die „Deutsche Gesellschaft für internationale Zusammenarbeit", deren Mitarbeiterinnen Priyanka Porwal und Titiksha Fernandes Auskunft zu dieser speziellen Müllproblematik geben, sowie die Forschungsorganisation „Adelphi", deren Mitarbeiterin Cosima Stahr uns ebenfalls beraten hat.

Wie viel Elektronikschrott fällt jährlich an? 2013 hat jede Person im Durchschnitt 7 kg Elektroschrott produziert – das sind 48,9 Millionen Tonnen weltweit.

Dieser Müll ist an sich nicht giftig, wird es aber, wenn er nicht korrekt auseinandergenommen wird, und dann Inhalte wie Blei, Kadmium oder Quecksilber in den Umweltkreislauf gelangen.

Wie wird mit diesem Müll umgegangen? Es gibt in Indien einerseits offiziell registrierte Wiederverwerter dieses Mülls, die sich an die vorgeschriebenen Regeln halten. Andererseits gibt es sehr viele Leute, die ohne Erlaubnis diesen Müll recyceln – in Indien sind das 90 %! Meistens bemühen sie sich nicht um Genehmigungen, weil sie aufgrund geringer Bildung gar nicht wissen, wie das geht – und so haben sie zwar die Möglichkeit, einen kargen Lebensunterhalt zu verdienen, gefährden aber gleichzeitig ihre Gesundheit.

Was sind die Auswirkungen auf die Gesundheit? Sobald die Gehäuse auseinandergenommen werden, können Quecksilber und Blei austreten, Bildschirme explodieren. Beim Zerschreddern oder Verbrennen können gesundheitsgefährdende Partikel in Luft und Wasser geraten, Augen, Atmungsorgane und das zentrale Nervensystem lebensgefährlich beeinträchtigt werden. Kinder, die an diesen Prozessen oft beteiligt sind, sind besonders gefährdet, denn Blei wird vom kindlichen Organismus viel schneller aufgenommen und kann zu Entwicklungsstörungen führen.

Was können wir tun? Die Hersteller weltweit zu Wiederverwertungssystemen verpflichten, sodass man als Käuferin für die Entsorgung mitbezahlt (ist in Europa bereits so). Nicht immer alles sofort aussortieren. Dafür starkmachen, dass unser Elektronikabfall nicht in ärmere Länder exportiert wird, Lösungen unterstützen, bei denen Neuerungen durch Software-Updates statt durch neue Geräte erreicht werden.

Schrott-Basteltipp: Widerstands-Käfer

Durchforste ausrangierte Computerfestplatten, Drucker, Wecker oder Videorekorder nach brauchbaren Teilen und löse diese mithilfe eines erhitzten Lötkolbens oder einer Zange vorsichtig ab.

Für diese Käfer wurden Widerstände (Beine), Kondensatoren (Körper) und Transistoren (Kopf) verwendet. Biege die Widerstände gerade und kratze hervorstehenden Lötzinn ab.

Ordne die sechs Beine so an, dass sie sich in der Mitte berühren, und löte sie vorsichtig zusammen.

Löte nun den Körper an die Beine und danach den Kopf an den Körper.

Trage am Ende mit einem Zahnstocher für die Augen Lack auf.

Nun musst du nur noch alles zurechtbiegen und eventuell mit dem Nagelknipser kürzen, damit dein Käferchen schön gerade steht.

Mehr dazu auf: instructables.com/id/Computer-Bugs/?ALLSTEPS

PRO-GRAM-MIE-REN

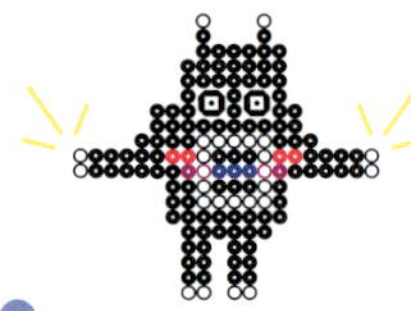

Programmieren zu können, eröffnet dir eine neue Welt und verwandelt deinen Computer in ein mächtiges Werkzeug, mit dem du eine Menge anstellen kannst. Das macht nicht nur Spaß, es trainiert auch dein Gehirn und gibt dir viel kreativen Gestaltungsspielraum. Wie du den Einstieg ins Programmieren findest, welche Programmiersprache zu dir passt und warum Strickmuster und Programmiercodes mehr miteinander zu tun haben, als du vielleicht denkst, erfährst du in diesem Kapitel.

Das ist aber interessant!

Dein Blog gestalten mit HTML und CSS

Seite 88

Programmieren lernen und dranbleiben

Seite 84

admin — ruby — 80×24

```
Last login: Thu Apr 23 10:50:34 on ttys001
Chris-MacBook-5:~ admin$ irb
irb(main):001:0> 2+2
=> 4
irb(main):002:0> name = "Anna"
=> "Anna"
irb(main):003:0> name
=> "Anna"
irb(main):004:0> "Anna" .upcase
=> "ANNA"
irb(main):005:0>
```

Programmieren und Stricken

Seite 98

Mit Ruby programmieren lernen

Seite 93

HALLO NEWBIE

Programmieren lernen und dranbleiben

1 – noch mehr Spaß macht es zusammen mit Freundinnen
lebenslanges Projekt
keine

„Programmieren oder programmiert werden", die Zeitungen sind voller Sprüche, die uns vorhalten sollen, wie doof wir sind, weil wir immer noch nicht programmieren können. Bisweilen entsteht der Eindruck, wir würden in einer neuen Form von Wildnis leben: nicht mehr überlebensfähig ohne Programmierkenntnisse.

Das ist natürlich Quatsch. Nicht jede Person will oder muss programmieren lernen. Trotzdem lohnt es sich! Die Welt der Computer ist nämlich aufregend und interessant. Plötzlich stellen sich so viele Fragen und auf der Suche nach Antworten entdeckt man nur noch mehr Geheimnisse. Eine unendliche Geschichte des Lernens. Doch wo soll die Reise beginnen? Und wie schaffst du es, auf dem Weg zum Ziel durchzuhalten, wenn die Phase der Selbstzweifel beginnt?

NOObs?!

Du fängst gerade an zu programmieren und hast noch keinen Plan von gar nichts? Herzlichen Glückwunsch, du bist ein n00b (auch: Newb oder Newbie). Das ist Computernerdsprech für „totale Anfängerin".

Setz dir eigene Ziele. Der erste Schritt ist, herauszufinden, was du machen willst, und die Erwartungen entsprechend anzupassen. Nicht jede muss Expertin im Programmieren werden oder als Entwicklerin arbeiten. Was Erfolg für dich bedeutet, bestimmst du. Wenn du fürs Erste nur in verschiedene Programmiersprachen (siehe Kasten rechts) reinschnuppern möchtest, ist das völlig in Ordnung. Vielleicht hast du schon ein konkretes Projekt vor Augen und willst nur das lernen, was dafür nötig ist. Auch das ist okay. Lass dir nicht von anderen vorschreiben, was deine Ziele sind.

Keine Angst vor dem Scheitern. Auch wenn du deine Ziele an deine Fähigkeiten anpasst, kann es passieren, dass du scheiterst. Das ist gut so! Manchmal muss man an die eigenen Grenzen stoßen, um weiterzukommen. Dein Programm funktioniert nicht und du kannst zum Wildwerden den Fehler nicht finden? Du kommst bei einem Tutorial nicht weiter? So etwas passiert auch den besten Programmiererinnen. Mach dir keine Platte. Fehler gehören zum Programmieren dazu, wie das Salz zu den Pommes.

Fang einfach an! Und zwar ohne Angst, dafür mit Vorfreude. Damit bist du bestens gewappnet für dein Vorhaben. Am Anfang steht die Frage, mit welcher Sprache du beginnen möchtest. Die meisten raten zu einer sogenannten „höheren“ Programmiersprache, weil sie leichter zu lernen ist (siehe Kasten). Aber mach dir die Entscheidung nicht zu schwer. Falls dir die Sprache nicht passt, kannst du dich jederzeit umentscheiden. So große Unterschiede gibt es sowieso nicht, und mit jeder Sprache, die du lernst, fällt dir die nächste leichter. Lass dich nicht davon irritieren, dass jede Programmiererin eine andere Meinung dazu hat, welche Programmiersprache am besten für den Anfang geeignet ist. Leg einfach los.

Mit Freundinnen programmiert man weniger allein. Lernen in Gruppen macht mehr Spaß, ist produktiv und hilft, durchzuhalten. Vor allem, weil man sich immer rückversichern kann, dass die anderen auch nur mit Wasser kochen. Beim Programmieren ist es unheimlich wichtig, sich gegenseitig zu helfen. Frag bei anderen nach, wenn du mal stecken bleibst. Außerdem hat immer jemand Kekse dabei. Trefft euch einmal pro Woche und arbeitet ein Tutorial zusammen durch. Drei bis fünf Leute sind eine gute Gruppengröße.

Such dir ein Projekt. Erfahrene Entwicklerinnen sagen, man lernt am besten, wenn man sich ein konkretes Projekt vornimmt. Gibt es etwas, das du gerne programmieren würdest? Einen

Was ist eine Programmiersprache? Ein Programm ist eine Reihe von Befehlen, die der Computer ausführt. Die Programmiersprache ist die Sprache, in der du diese Befehle erteilst. Wie die „Menschensprachen“ haben auch Programmiersprachen Regeln und Muster, nach denen sie sich zusammensetzen, die Syntax. Anders als diese „natürlichen“ Sprachen müssen sie aber eindeutig sein: Der Computer kennt keine Nuancen. Die ersten Programmiersprachen nannte man „Maschinensprache“. Heute verwendet man meist „höhere“ Programmiersprachen. Sie sind näher an unserer Sprache und dadurch leichter zu lernen.

Vokabeltrainer oder etwas, das ein Problem für dich lösen würde? Dann los. Eine Person, die sich schon gut auskennt und etwas Starthilfe gibt, ist superhilfreich. Vieles wirst du mit ein bisschen Geduld und viel Recherche aber auch selber in Erfahrung bringen können (siehe „Im Web suchen und finden" auf S. 67)!

Frag nach. Der entscheidende Unterschied zwischen Programmiererinnen und Nicht-Programmiererinnen: Erstere wissen, wo sie nachfragen müssen. So setzt sich ein Programm weniger aus dem unfassbaren Wissen eines einzelnen Superhirns zusammen als aus vielen kleinen gefundenen Antworten. Hab keine Scheu. Alle müssen nachfragen, und es gibt fast immer eine Antwort – ob von der Freundin mit mehr Erfahrung oder in einem Internetforum.

Überfordere dich. Höre dir einen Vortrag an zu etwas, von dem du keine Ahnung hast. Lies einen komplizierten Artikel. Computertechnologie ist so komplex, dass du ständig Neues hören wirst. Versperre dich nicht gegenüber vermeintlich zu schwierigen Themen, Überforderung ist wichtig! Nach einer Weile werden sich die Lücken schließen.

Machen. Es gibt unheimlich viele Ratgeber, die dir zeigen, wie du programmieren lernst. Den richtigen Weg für dich kannst aber nur du finden. Es sollte ein Weg sein, der dich begeistert und auf dem du dich wohlfühlst. Das Wichtigste: fang an.

Fionas Lese-Tipps

> „Learn Python the Hard Way" – mein Lieblingstutorial – und nicht so schwer, wie es klingt. learnpythonthehardway.org

> „Newbie Hacky Coding Tips" – tolles Blog von Zara Rahman für Leute, die schon etwas Programmiererfahrung haben. zararah.net/blog/2014/05/11/newbie-hacky-coding-tips

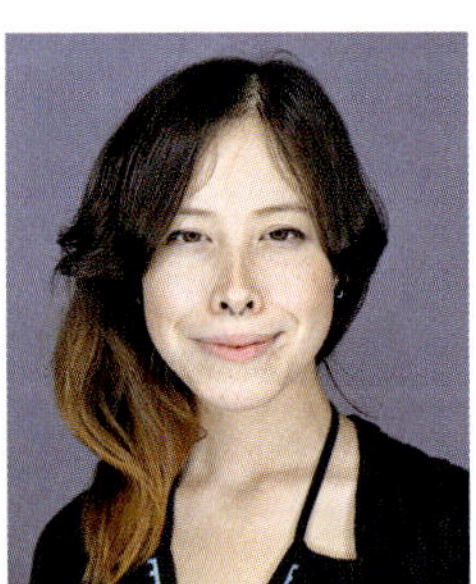

Fiona Krakenbürger schreibt seit 2012 das Blog „Fiona lernt Programmieren", auf dem sie ihren eigenen Weg zum Programmieren dokumentiert. Außerdem engagiert sie sich im Netz für mehr Digital Literacy, z.B mit ihrem Podcast „n00bcore", in dem sie Technik-Themen so bespricht, dass selbst absolute n00bs sie verstehen. Mehr von ihr liest du auf arduina.github.io/arduina.net

ada lovelace

... und die Analytische Maschine.

In der IT-Branche arbeiten weniger Frauen als Männer, und das Klischee, Frauen interessierten sich einfach nicht so für Technik, hält sich hartnäckig in den Köpfen. Das ist schade, denn es gibt wirklich keinen Grund, warum Frauen nicht programmieren sollten. Das zeigt schon die Geschichte.

Die allererste Programmiererin war nämlich eine Frau. Lady Ada Lovelace wurde 1815 als Tochter des Dichters Lord Byron in England geboren. Sie war schon als junges Mädchen von Mathematik so fasziniert, dass sie mit dem Mathematiker Charles Babbage begann, an einer Rechenmaschine zu arbeiten. Für diese „Analytische Maschine" schrieb Ada über zwei Jahre hinweg eine detaillierte Anleitung. Sie schrieb also das Programm für die Maschine, die über 100 Jahre später der erste Computer werden sollte.

Ada hat nicht mehr erlebt, wie ihr Programm zum ersten Mal lief, sie starb mit 36 Jahren und die Analytische Maschine nach ihrem Entwurf wurde erst viel später gebaut. Ihr zu Ehren wird heute jedes Jahr Mitte Oktober der „Ada Lovelace Day" gefeiert – ein Tag, der die Erfolge von Frauen in Wissenschaft, Technologie, Mathematik und Ingenieurwissenschaften in den Mittelpunkt rückt. Auch die „Ada Initiative", die mehr Frauen in die Open-Source-Bewegung bringen will, ist nach ihr benannt. findingada.com

Programmieren

STILSICHER

Dein Blog gestalten mit HTML & CSS

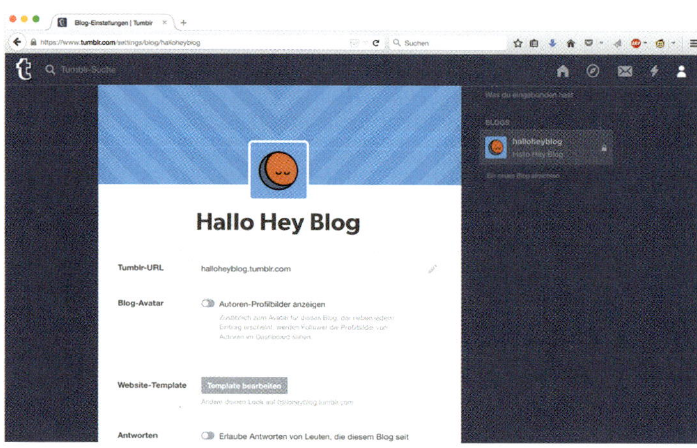

nur du
1 Stunde bis mehrere Tage
keine

Manche Blogs sehen schicker aus als andere. Wie machen die das nur? Der Trick heißt HTML & CSS. Mit diesen Sprachen verpasst du deinem Blog, oder jeder anderen Webseite, einen ganz persönlichen Look. Und so lässt du dein Blog gut gestylt aus der Wäsche gucken.

Vorlagen hacken: Ist dein Blog bei einem Anbieter wie Tumblr angemeldet, stehen dir fertige Designvorlagen zur Auswahl. Darin kannst du das Hintergrundbild festlegen und Details im Layout ändern. Wenn du mehr Gestaltungsfreiheit möchtest, musst du den Gestaltungscode des Blogs, das sogenannte CSS, hacken.
Und so geht's: Klicke auf deinem Tumblr-Blog auf „Template bearbeiten“ oder auf dem Dashboard, also deiner Startseite, auf „Anpassen“. Oben im Menü wird jetzt deine Designvorlage, das „Template“, angezeigt, klick dort auf „HTML bearbeiten“. Es öffnet sich die HTML-Ansicht mit ganz viel Code. Keine Bange: Du kannst

jede Änderung zuerst in der Vorschau anzeigen lassen, bevor du sie speicherst. Also einfach ausprobieren und rumspielen.

➪ So findest du den CSS-Code: Oben im Dokument siehst du einen Tag <head>. Dort beginnt der „Kopf" der Seite, die Informationen darin liest nur der Browser. Dort steht zum Beispiel der Titel der Seite. Der nächste große Abschnitt ist der <body>, der „Körper" des HTML-Dokuments. Hier steht, was auch im Browser sichtbar ist: Überschriften, Texte, Bilder usw. Uns interessiert ein besonderer Bereich am Ende des <head>: Dort steht nämlich der CSS-Code. Er beginnt mit dem Tag <style> und endet mit </style>. Alles, was zwischen diesen beiden Tags steht, ist der Style der Seite! Vielleicht steht dort statt <style> auch <style type="-text/css">. Das macht keinen Unterschied.

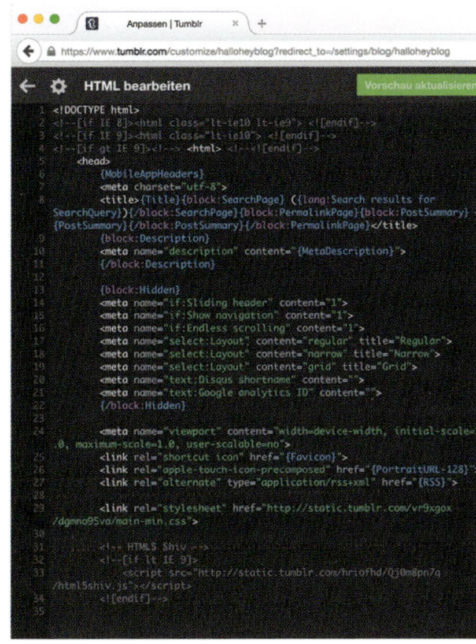

HTML-Ansicht deines Blogs

➪ Die Überschrift stylen: Im <style>-Bereich steht schon allerhand Code. Klar, dein Blog ist ja schon gestaltet durch die Vorlage! Einfach ignorieren. Füge stattdessen direkt unter <style> eine neue Zeile ein und schreib dort rein: `h2 { color: blue; }`

➪ Klick auf „Vorschau aktualisieren": Die Überschriften deiner Blogposts müssten jetzt blau sein. Glückwunsch. Das war dein erster CSS-Code! Was genau ist passiert? Schritt für Schritt: Zuerst kommt das HTML-Tag für das zu stylende Element (in diesem Fall die zweite Überschrift, h2). Dahinter geschweifte Klammern, in denen alle Style-Informationen stehen, hier etwa die Textfarbe: `color: blue`. Wichtig: Hinter jeder Info muss ein Semikolon stehen! Sonst funktioniert der Code nicht. Wenn mal was nicht klappt, den Code genau auf Tippfehler prüfen.

Tipp!

Geschweifte Klammern findest du hier. Windows: „Alt Gr" + 7 und 0, Mac: „Alt" + 8 und 9.

➪ Eine noch größere Auswahl hast du mit „Hex-Farben" (kurz für „Hexadezimal"): Für jede Farbe gibt es einen 6-stelligen Code, bestehend aus den Zahlen 0 bis 9 und den Buchstaben A bis F. Hier kannst du Hex-Farben auswählen und den Code kopieren: www.colorpicker.com. Wichtig ist die Raute # am Anfang. Der Hexcode für Violett sieht zum Beispiel so aus: `h2 { color: #8800FF; }`

Überschrift positionieren: In die geschwungenen Klammern passt mehr als eine Style-Info. Mit text-align sagst du dem Browser, ob ein Text linksbündig, rechtsbündig oder zentriert stehen soll. Schau mal, was passiert, wenn du den Code so erweiterst: `h2 { color: #8800FF; text-align: right; }` Die Überschrift steht jetzt rechts statt links.

Schrift anpassen: Um die Schriftart deines Textes zu ändern, fügst du eine neue Zeile unter h2 ein: `p, li { font-family: Futura; }`

Textabsätze <p> und Listen <li> werden jetzt in der Schrift „Futura" gesetzt. Andere Standardschriften sind „Arial" oder „Verdana". Ausgefallener wird es mit den Google Web-Fonts-Schriften, die extra für das Internet entwickelt wurden. Suche auf google.com/fonts die Schrift „Indie Flower". Darunter ist ein Pfeil („Quick Use"), der zu einer neuen Seite führt. Kopiere die lange Zeile, die mit `<a href=` [...] anfängt. Füge sie in den CSS-Code direkt über dem `<style>`-Tag ein. Jetzt ist die Schrift in deine Seite eingebettet und du kannst deinen CSS-Code ändern: `p, li { font-family: 'Indie Flower'; }`

Mehr CSS: Mit CSS kannst du noch viel mehr anstellen! Probier mal, die Schrift „Indie Flower" bei .blog-title einzusetzen – damit änderst du die Schriftart der Blogüberschrift. Über alles Weitere kannst du dich ausführlich im Web informieren. Wie du zum Beispiel die Schriftgröße ändern kannst, den Zeilenabstand und und und.

Tutorials und Kurse

Hast du dich für ein Projekt oder eine Programmiersprache entschieden, kannst du ein Tutorial dafür im Netz suchen. Das sind Kurse, die dir Schritt für Schritt die Basics beibringen – oft kostenlos. In vielen Städten findest du außerdem Workshops, die sich an Anfängerinnen richten, etwa von den „Rails Girls" oder der „Open Tech School". Schau nach, was in deiner Nähe los ist:

> codecademy.com
> railsgirls.com
> djangogirls.org
> opentechschool.org

Lucie Höhler hat vor einem Jahr beschlossen, dass sie als Entwicklerin arbeiten will, und bringt sich seitdem selbst das Programmieren bei. Seit Kurzem hat sie einen Job als Trainee bei einem Berliner Start-up. Sie macht auch sonst viele Dinge im Netz, wie Bloggen und Podcasten über Lieblingsserien und Videospiele.

html und CSS

... die Bausteine des Internets

HTML und CSS sind zwei der Grundbausteine des Internets. Sie sagen deinem Browser, wie er den Inhalt einer Seite anzeigen soll und wie dieser Inhalt gestaltet ist. HTML ist kurz für „Hypertext Markup Language" und ist für den Inhalt der Seite zuständig. HTML sagt dem Browser, ob dein Inhalt ein Bild, eine Überschrift, ein Link oder eine Kombination aus all dem ist. Das kannst du dir anschauen, wenn du bei einer Seite im Browser den Seitenquelltext anzeigst (in Firefox z. B. unter „Extras", dann „Web-Entwickler", dann „Seitenquelltext anzeigen"). Es öffnet sich ein Fenster mit der Seite in HTML-Ansicht: Neben den „normalen" Texten stehen da lauter Informationen, die du sonst nicht siehst. Sie bilden die Struktur der Seite.

Jeder Inhalt auf einer Seite hat ein dazugehöriges HTML-Element (ein sogenanntes „Tag", spricht sich „Täg"). HTML-Tags werden in spitzen Klammern geschrieben. Überschriften haben zum Beispiel ein Tag mit dem Buchstaben „h" (für „heading"). „h1" ist die erste, wichtigste Überschrift. In HTML sieht das dann so aus: `<h1>Meine Überschrift</h1>`. Für den Browser ist das die Anweisung: Zeige diese Überschrift besonders groß an! Textabsätze sind von den Tags `<p></p>` umgeben, das steht für „paragraph". Der Schrägstrich im zweiten, schließenden Tag zeigt dem Browser, wo das Element wieder aufhört.

CSS steht für „Cascading Style Sheets", die Gestaltung also, hier wird der „Style" der einzelnen HTML-Tags festgelegt. Wie groß soll die Überschrift `<h1>` sein? Welche Schriftart soll ein Textabschnitt `<p>` haben? Welche Farbe haben Links `<a href="...">`? All das steht im CSS-Dokument.

Was ist Open Source?

Stell dir vor, ein Programm ist eine Uhr. Kannst du die Uhr aufmachen, reingucken, schauen, wie sie funktioniert, und an den Bauteilen herumschrauben? Oder darfst du nur außen an den Knöpfen herumdrücken? Die meisten Programme sind geschlossene Uhren: Du darfst sie zwar benutzen, nachdem du sie gekauft hast, den Programmcode darfst du aber weder lesen noch verändern – das verbietet die „Lizenz" (so etwas wie der Benutzervertrag zum Programm). Diese Programme können entsprechend nur das, wofür sie vom Hersteller programmiert wurden: Mit Photoshop bearbeitest du Bilder, mit Word schreibst du Texte. Und wenn du das Programm „knackst", um doch mal reinzugucken, machst du dich strafbar.

Open-Source-Software (engl. für „Offene Quelle") ist dagegen eine offene Uhr. Programme, die unter so einer Lizenz stehen, sind nicht nur kostenlos (oder gegen eine kleine Spende verfügbar), du darfst auch in den Programmcode gucken, diesen ändern oder weiterentwickeln und das neue Programm anschließend sogar weiter verteilen!

Die Idee dahinter ist so toll wie einfach: Mehr Augen finden mehr Fehler. Und eine Software, die gemeinsam von vielen Menschen entwickelt und getestet wird, ist besser als eine, die hinter verschlossenen Türen entsteht. Der Hacker und Open-Source-Vordenker Eric S. Raymond hat dieses Prinzip folgendermaßen zusammengefasst: „Hast du nur genug Augen, ist jeder Fehler leicht zu finden."

Auf diese Weise sind schon viele tolle Programme – und sogar ein ganzes Betriebssystem namens Linux – entstanden, als Gemeinschaftsprojekt vieler Menschen auf der ganzen Welt. Mehr Informationen zur Idee von Open Source findest du auf der Seite der „Open Source Initiative": opensource.org

Mit Ruby programmieren lernen

Ruby ist eine superpraktische und beliebte Programmiersprache. Das Tolle an Ruby ist, dass es unglaublich leicht zu verstehen und zu lernen ist – eine ideale Sprache also, um mit dem Programmieren anzufangen.

allein oder mit Freundinnen
so viel du willst
keine

Du brauchst:

> Computer mit Internetverbindung und Browser
> Ruby (hier erfährst du alles zur Installation von Ruby: www.ruby-lang.org)
> Terminal (siehe S. 95)
> Texteditor (z. B. „Sublime Text“, www.sublimetext.com)

Ruby Basics. Ruby kommt mit einer interaktiven „Shell“, einer „Hülle“, die dich einfachen Ruby-Code direkt testen lässt: Du gibst den Code ein und die Shell interpretiert diesen Code. Um die Shell zu starten, öffnest du als Erstes das Terminal (was das ist, erfährst du auf S. 95) und tippst den Befehl `irb` (das steht für „Interactive Ruby Shell“). Wenn du die Shell später an irgendeinem Punkt wieder verlassen willst, tippst du einfach `exit`.

Ruby ist ziemlich gut in Mathe. Du kannst Ruby jede Art von Rechenaufgabe stellen und wirst eine Antwort bekommen. Probiere es mal aus! Tippe `2 + 2` in das Terminal und drücke dann „Enter“. Probiere weiter damit herum, indem du noch mehr „Integers“ eingibst (so heißen bei Ruby die Zahlen).

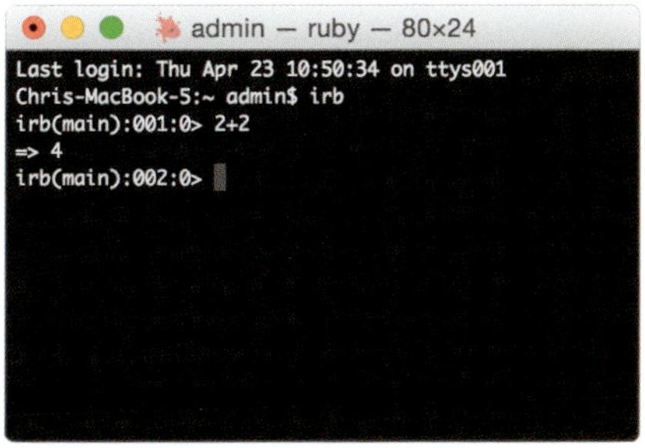

Strings, Variablen und einfache Methoden. Strings sind, einfach gesagt: Text. Alles Mögliche kann ein String sein, auch Zahlen

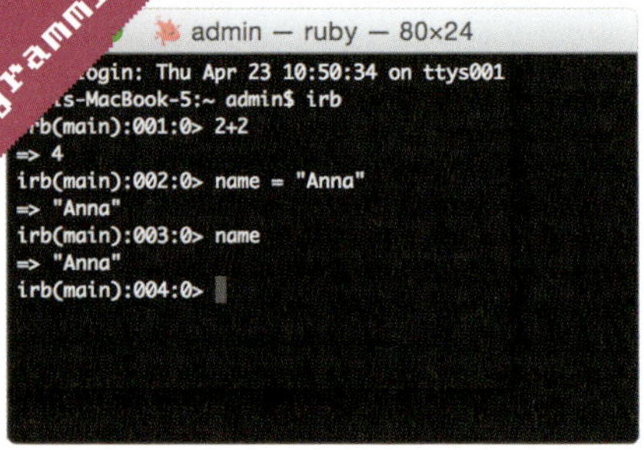

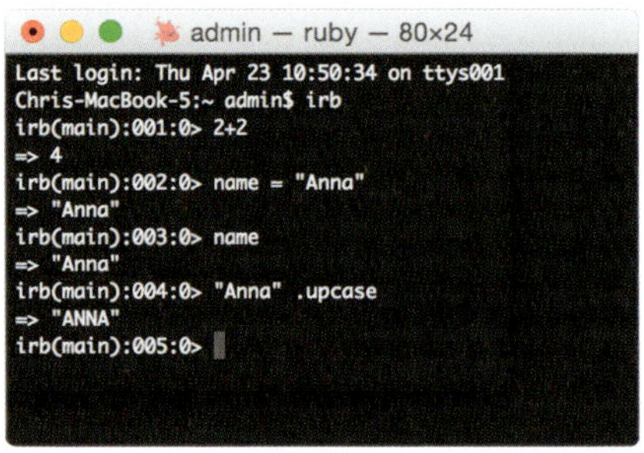

– solange du sie nur in Anführungszeichen setzt: "Das hier wäre zum Beispiel ein String"

Variablen sind eine Möglichkeit, um Daten zu speichern (zum Beispiel Strings oder Integers). Um eine Variable zu speichern, musst du sie erst definieren. Tippe Folgendes in deine Shell und drücke dann „Enter":

name = "Anna"

Als Nächstes tippst du name und drückst wieder „Enter".

Was ist passiert? Du hast Ruby nach dem Namen der Variablen gefragt, und Ruby hat dir den String gegeben, den du in dieser Variablen gespeichert hast.

Methoden sind „Aktionen" für Daten. Für jede Art von Daten hast du verschiedene Methoden. Zum Beispiel gibt dir Ruby die Möglichkeit, einen String zu nehmen und alle Buchstaben darin in Großbuchstaben umzuwandeln. Tippe dazu Folgendes ein und drücke dann „Enter": "Anna".upcase Ganz genau! Jetzt steht alles in Großbuchstaben. Es funktioniert auch, wenn du diese Methode zusammen mit deiner Namens-Variablen verwendest: name.upcase

Probiere mal einige der folgenden Methoden an deinem String aus. Die Methoden beginnen immer mit einem Punkt und werden durch Kommata voneinander abgetrennt.

.downcase, .revert, .length, .empty?, .swapcase

Bist du schon angefixt? Das war erst der Anfang – mit Ruby kannst du noch viel mehr anstellen. Den Programmcode zu dieser Anleitung zum Abgleichen und Kontrollieren findest du auf der Webseite zu diesem Buch unter www.hacks-selbst.de.

Debugging: Fehler ausbügeln

Wenn du an einer Stelle nicht weiterkommst, suche im Netz nach der Lösung, indem du die Fehlermeldung zusammen mit dem Namen deines Betriebssystems eingibst, zum Beispiel „open terminal" und „Mac OSX".
(Mehr zum Thema auf Seite 67 „Im Web suchen und finden".)

Die Shell

Eine Shell ist die Schnittstelle zwischen dir und deinem Computer. Manchmal kommt sie mit einer schicken Oberfläche daher wie der „Finder“, mit dem du deinen Mac bedienst. Manchmal ist sie ganz simpel: Eine einfache Kommandozeile, in die du Befehle tippst. Der Name „Shell“ (engl. „Hülle“, „Schale“) kommt von „Muschelschale“: Wie die Schale um eine Muschel, ist die Shell eine Oberfläche zwischen dir und dem Innern des Computers.

Die „Interactive Ruby Shell“ (IRB) ist eine Shell speziell für das Programmieren mit Ruby. Starte das Programm vom Terminal aus mit dem Befehl `irb`, gib deine Ruby-Kommandos ein und du bekommst unmittelbar ein Ergebnis zurück. So kannst du in Echtzeit mit Ruby experimentieren, etwa ad hoc kleinere Rechenaufgaben durchführen lassen, wie mit einem Taschenrechner.

Das Terminal

Das Terminal – auch Kommandozeile, Befehlszeile oder Konsole genannt – ist ein mächtiges und auf den ersten Blick etwas einschüchterndes Werkzeug. Es erlaubt dir, direkt mit deinem Computer zu kommunizieren und ihm Befehle zu erteilen. Mit dem Terminal kannst du unglaublich viel anstellen: Ordner oder Dateien anlegen, löschen oder verschieben. Deine Internetverbindung überprüfen. Die Auslastung deiner Festplatte oder die Anzahl der Wörter in einem Text abfragen. Auch die Einstellungen deines Computers kannst du hier ändern, etwa die Auflösung deines Monitors oder das Datum.

Um das Terminal zu starten, suchst du auf deinem Computer nach „Terminal“ oder „Kommandozeile“ (das unterscheidet sich je nach Betriebssystem). Öffne das Terminal, und du siehst ein schwarzes Fenster, in dem erst mal fast nichts steht. Tippe

Das Betriebssystem

Ein Betriebssystem (auf Englisch „Operating System“ oder kurz OS) ist das Programm, über das alle anderen Programme und die Teile des Computers – wie Festplatte, Monitor, Maus oder Tastatur – miteinander kommunizieren. Das Betriebssystem ist deshalb das allererste Programm, das beim Einschalten des Computers gestartet wird, und es läuft so lange, bis du den Rechner wieder ausschaltest. Weil Betriebssysteme unterschiedliche Befehle kennen, muss ein Programm immer zu deinem Betriebssystem passen. Die drei bekanntesten sind: Mac OS, Windows (diese beiden muss man kaufen) und Linux (Open Source und kostenlos).

dort testweise mal die folgenden Befehle ein und drücke danach immer die Enter-Taste:

- mkdir rhabarberkuchen – legt einen Ordner namens „rhabarberkuchen" an
- cd rhabarberkuchen – bringt dich in den Ordner „rhabarberkuchen" (den Ordner muss es vorher schon geben)
- ls – listet die Inhalte des Ordners, in dem du dich gerade befindest (für OS X und Linux)
- dir – listet die Inhalte des Ordners, in dem du dich gerade befindest (für Windows)
- ruby -v – prüft, welche Version von Ruby du installiert hast
- diff – vergleicht den Inhalt zweier Dateien Zeile für Zeile
- uptime – zeigt, wie lange dein Computer schon läuft
- reboot – startet den Computer neu

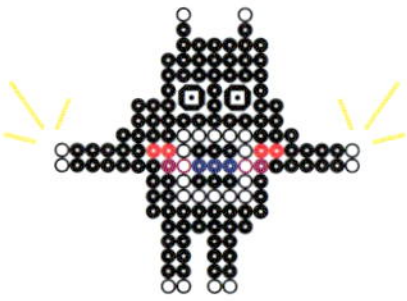

Floor Drees und Laura Gaetano leiten die Ruby-Gruppe in Wien vienna.rb und organisieren das „Rails Girls"-Sommercamp „Summer of Code". Dort und auf den anderen Workshops der Rails Girls helfen Expertinnen Anfängerinnen dabei, ihre Projekte umzusetzen. „Rails Girls"-Gruppen gibt es in vielen Städten auf der ganzen Welt – vielleicht auch in deiner. Hier kannst du nachschauen: railsgirls.com

lauter Nullen und Einsen

der Webstuhl als Computer

„Analytische Maschine“

„Man meint, dass die Frauen zu den Entdeckungen und Erfindungen der Kulturgeschichte wenig Beiträge geleistet haben", schrieb der Psychoanalytiker Sigmund Freud einmal. Technologie, so lautet das Klischee, wurde vor allem von Männern erdacht, Frauen interessiere das nicht.

„Ach, ist das wirklich so?", fragte sich die Philosophin Sadie Plant und kommt zu einem ganz anderen Schluss: Die Ursprünge des Computers liegen nämlich im Webstuhl – und das Weben ist eine weibliche Kulturtechnik. Zu Zeiten der industriellen Revolution funktionierten Webstühle mit vorgestanzten Lochkarten – so etwas wie ein erster Computercode, der der Maschine mitteilte, welches Programm sie zu weben hatte. Diese Technik wurde zum Vorbild für die „Analytische Maschine", den ersten Computer, entwickelt im Jahr 1843 von Ada Lovelace und Charles Babbage. Auch später, als im Zweiten Weltkrieg die ersten Großrechner zum Einsatz kamen, waren es oft Frauen, die sie bedienten. Frauen, meint Sadie Plant, sind also viel enger mit der Geschichte des Computers „verwoben", als es sich viele große Männer eingestehen würden.

ZEILE UM ZEILE

Programmie-ren und stricken

Stricken ist eine tolle Technik, mit der man alles Mögliche selbst machen kann. Aber wusstest du, dass Stricken im Grunde auch eine Art zu programmieren ist? Wie bitte?, sagst du jetzt. Aber sicher doch!

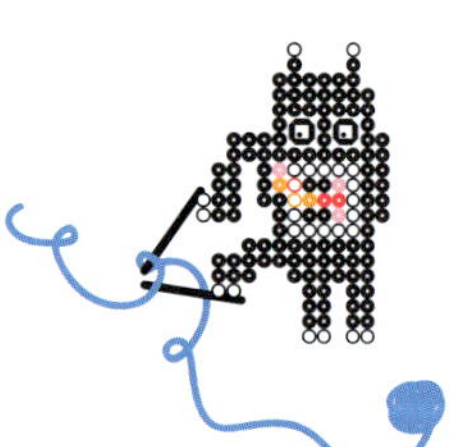

1. R 3 M re, *4 M li, 6 M vorn kreuzen, ab * wdh., enden mit 2 M li
2. R 2 M re, *6 M li, 4 M re, ab * wdh., enden mit 3 M li.
3. R *5 M vorn drehen, 5 M hinten drehen, ab * wdh., enden mit 5 M vorn drehen

Was hier aussieht wie drei Zeilen Programmcode, ist die Anweisung für die ersten drei Reihen in einem Zopfmuster. Computercode sagt dem Computer, welche Operationen er ausführen soll, um eine Aufgabe zu erledigen. Das Strickmuster sagt der Strickerin, welche Operationen sie auszuführen hat, um aus

Wolle eine Socke oder einen Pullover zu stricken. Im Grunde ist ein Strickmuster also nichts anderes als der Programmcode für den Pullover und die Strickerin ein menschlicher Computer, der den Code ausführt.

Wenn du stricken oder häkeln kannst, bist du also schon bestens darauf vorbereitet, Programmieren zu lernen. Und umgekehrt: Wenn du programmieren kannst, ist das die beste Voraussetzung, mit Stricken oder Häkeln anzufangen.

Die Strickmeisterin Daniela Nii, die sowohl Strickmuster als auch Programme schreibt, sagt dazu: „Wie beim Programmieren ist die Aufmerksamkeit fürs Detail der Schlüssel für die erfolgreiche Umsetzung eines Strickmusters [Programms]. Eine übersehene Klammer, ein Komma oder eine Wiederholung wird zu einem Stück Code führen, das sich nicht zusammenfügt und den Ablauf deines Programms stört – und wird vermutlich entdeckt, wenn die nächste Zeile im Strickmuster nicht mehr zu dem passt, was die Strickerin auf der Nadel hat."

Pullover, Socken oder Mützen gibt es heute in großer Auswahl zu kaufen. Vermutlich ist es auch wesentlich leichter und billiger, einen Pullover zu kaufen, als ihn selbst zu machen. Wozu solltest du also stricken lernen? Weil du dir dann genau den Pullover oder genau die Pudelmütze stricken kannst, die wirklich hundertprozentig deinen Vorstellungen und Bedürfnissen entspricht.

Genauso ist es mit dem Programmieren: Du willst ein ganz bestimmtes Problem lösen, eine bestimmte Aufgabe automatisieren, deine App auf eine ganz bestimmte Art gestalten? Dann lerne programmieren – und mach es selbst!

Analog und Digital

Digital, das hat doch was mit Computern zu tun! Stimmt. Aber wusstest du, dass Lichtschalter oder Morse-Codes auch digital sind? „Digital" kommt von „digitus" (lateinisch: „Finger") und heißt erst mal nur, dass es eine begrenzte Anzahl von Möglichkeiten gibt. Im Falle des Lichtschalters sind das zwei Möglichkeiten: an oder aus. Dazwischen gibt es nichts. Das nennt sich Binärsystem und ist das häufigste digitale System.

Unsere Umwelt ist analog: Wir sehen unendlich viele Farben, hören unendlich viele Töne. Übersetzt man diese analogen Signale ins Digitale, werden sie zu Zahlen. Bei einem digitalen Bild steht dann jede Zahl für eine Farbe: 1 = Gelb, 2 = Grün, 3 = Rot. Die Information, wie das Bild aussieht, verbirgt sich hinter diesen Zahlen. Auf diese Art kann man alles, von Bildern über Musik bis zu Texten, in Zahlen umwandeln, speichern und bei Bedarf wieder ausgeben.

interview mit birte Goldt, Entwicklerin

Du hast die Webseite „Rent a Role Model" gegründet. Was ist das? „Rent a Role Model" vermittelt Frauen in technischen Berufen an Schulen, um Schülerinnen für Informatik und Co. zu begeistern. Lehrerinnen und Lehrer oder auch die Schülerinnen selbst können hier Expertinnen finden, die aus ihrem Arbeitsalltag in der IT-Branche erzählen. Ein Role Model zum Anfassen quasi.

Warum brauchen Mädchen denn Frauen als Role Models? Als ich Ende der 1990er mein Abitur machte, kannte ich fast niemanden und erst recht keine Frauen, die programmiert haben. Ich war zwar gut in Mathe, hatte aber keinen Informatikunterricht und keinen Kontakt mit den Jungs, die sich für Computer interessierten. Ich hatte weder einen eigenen Computer noch ein Handy. Kurz: Ein Informatikstudium stand für mich nicht zur Debatte. Deshalb möchte ich heute Frauen als Vorbilder zu den Mädchen bringen, die noch nicht auf die Idee gekommen sind, selbst zu programmieren.

Wie bist du später doch noch Entwicklerin geworden? Nach dem Studium habe ich in einer IT-Firma gearbeitet und dort meine Kolleginnen beneidet, die Software entwickelt haben. Trotzdem hatte ich den Eindruck, dass es für mich außer Frage stand, selbst zu programmieren. Erst als ich nach der Elternzeit beruflich etwas Neues suchte und bei meinem Arbeitgeber parallel Entwicklerinnen und Entwickler gesucht wurden, entschloss ich mich, umzusatteln.

Hattest du damals ein Vorbild? Auf YouTube stieß ich auf einen sehr inspirierenden Vortrag von Joan Wolkerstorfer: „I am Rails (and So Can You!)". Joan kam ebenfalls aus einer anderen beruflichen Ecke und hatte sich innerhalb eines Jahres das Programmieren mit Ruby on Rails selbst beigebracht. Heute arbeitet sie als Entwicklerin. Diese Geschichte gab mir konkrete Tipps – und den Antrieb, dranzubleiben, auch in Momenten der scheinbaren Überforderung.

Worauf sollte ich achten, wenn ich ein Vorbild suche? Auf Gemeinsamkeiten. Ich fühle mich z. B. mehr angesprochen von Vorbildern, die auch durch einen Quereinstieg zum Programmieren gekommen sind oder auch Feministinnen sind. Für Schülerinnen könnte es spannend sein, sich nach Gewinnerinnen von Wettbewerben wie „Jugend hackt" umzuschauen, um sich Inspiration zu holen.

Welche Tipps hast du für Newbies, die mit dem Programmieren anfangen wollen? Wichtig ist, nicht nur nach dem zu schauen, was man noch nicht kann, sondern sich bewusst zu machen, was man schon alles gelernt hat – und das auch anzuwenden, sei es bei einem eigenen Projekt oder durch Mitarbeit an einem Open-Source-Projekt (mehr auf S. 92). Die freuen sich immer über Anfängerinnen. Und gerade in solchen ehrenamtlichen Projekten finden sich oft Leute, die Lust haben, als Mentorinnen beim Einstieg in die Software-Welt zu helfen.

Birte Goldt hat Politikwissenschaft studiert und anschließend als Community-Managerin gearbeitet. Heute ist sie Entwicklerin in Hamburg und engagiert sich nebenbei für die Erhöhung des Frauenanteils in der IT-Branche. Ihre Tipps zum Online-Programmierenlernen findest du auf ihrem Blog birtona.wordpress.com und das Projekt „Rent a Role Model" unter rent-a-role-model.herokuapp.com

DESIGN UND VER

Eine Foto-Collage am Computer erstellen

Seite 104

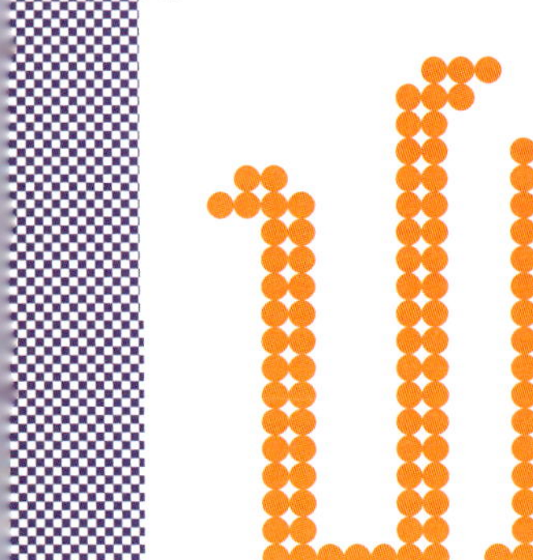

Einen Stop-Motion-Film mit „Vine" drehen

Seite 111

Seite 108

Ein animiertes GIF bauen

EN

TONEN
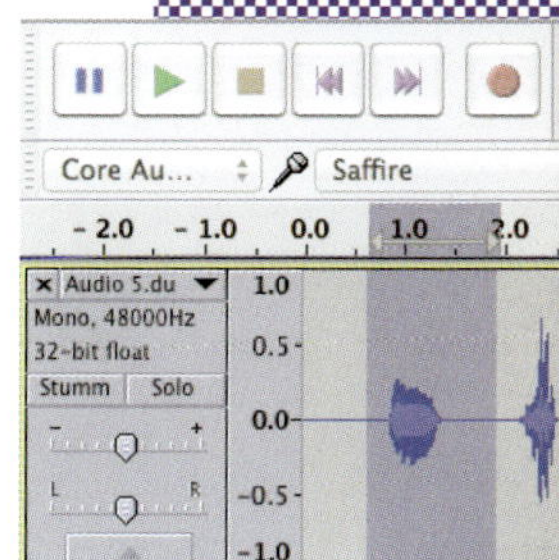

Programmieren ist eine Kunstform für sich, aber es muss nicht immer gleich Code sein. Am Computer kannst du noch auf ganz andere Arten kreativ werden – zum Beispiel, indem du GIFs zum Wackeln bringst, Stop-Motion-Animationen machst, Töne selbst produzierst oder ein Tagebuch mit Klängen und Geräuschen führst. In diesem Kapitel kannst du deine künstlerischen Talente voll zum Ausdruck bringen.

Soundeffekte selber machen

Seite 116

Ein Sound-Tagebuch führen

Seite 114

COPY & PASTE

Eine Foto-Collage am Computer erstellen

nur du
30 Minuten bis 2 Stunden
keine

Du kannst nicht besonders gut zeichnen und hast noch nie etwas gelayoutet? Kein Problem. Du musst keine Designerin sein, um eine tolle Collage zu machen. Vielleicht gibt es eine Wand in deinem Zimmer, die du mit Postern, Postkarten und Zetteln dekoriert hast, ein Tagebuch, in das du Fotos, Kinokarten und andere Andenken einklebst? Oder eine Regalecke, in der du Lieblingsbücher mit Kerzen, Schmuck und anderem Schnickschnack arrangierst? Dann bist du längst eine Collage-Künstlerin.

Du brauchst:

- Computer
- das Grafikprogramm „Inkscape" (kostenlos zum Download)
- einen Haufen gutes Bildmaterial

Es gibt keine Regeln für Collagen: Du kannst zwei oder zweitausend verschiedene Bilder kombinieren. Collagen müssen auch nicht an deiner Zimmerwand hängen. Du kannst sie ebenso gut digital erstellen und dann auf Tumblr posten oder

Artikel damit illustrieren. (Eine Meisterin dieser Kunst ist Tavi Gevinson, die mit ihrer Webseite „Rookie" die Collagen-Ästhetik des Mädchenzimmers einfängt wie keine andere).

Jede gute Collage fängt mit der Materialsammlung an. Willst du ein bestimmtes Thema oder eine Stimmung einfangen? Gibt es Motive, die dich inspirieren? Gute Quellen für Material sind: Zeitschriften und Zeitungen, verblichene alte Postkarten, Bücher, Landkarten, Briefe oder Fotos vom Flohmarkt oder Dachboden. Natürlich deine eigenen Zeichnungen und Fotos. Außerdem: die Google-Bildersuche. Viele Leute posten tolles Bildmaterial auf Tumblr oder Flickr. Mach zwei „Stapel": Material, das du greifbar vorliegen hast, sammelst du in einem Karton. Material aus dem Netz sammelst du in einem Ordner auf deinem Computer.

Jetzt machst du dich ans Collagieren. Fang mit dem Hintergrund an: Das kann ein Foto sein, eine Zeichnung oder ein Stück Geschenkpapier, das du einscannst. Öffne „Inkscape" und lege in der neuen Datei eine Ebene für den Hintergrund an. Nenne sie „Hintergrund" oder etwas Selbsterklärendes. Importiere das Hintergrundbild aus dem Ordner mit deinem Material („Bearbeiten" und dann „Importieren") und zieh es auf die richtige Größe, indem du den Pfeil in der Ecke mit der Maus anfasst. Nicht vergessen, deine Datei zwischendurch immer wieder abzuspeichern!

Für jedes weitere Element deiner Collage legst du jetzt eine weitere Ebene an (im Fenster „Ebenen" auf das „+" klicken. Mit „–" kannst du Ebenen wieder löschen). Leg eine neue Ebene an und benenne sie nach dem Motiv, das du als

Tipp!

„Inkscape" speichert Bilder im Format SVG. Willst du deine Collage im Web verwenden, solltest du sie noch mal in einer Auflösung von 72 dpi als PNG, JPG oder GIF speichern, das sind komprimierte Formate, die deine Datei schrumpfen – und im Netz heißt kleiner schneller. Die Dateigröße des Bildes kannst du in den Infos sehen. Probiere verschiedene Formate aus und schau, wie klein du das Bild bekommst.

nächstes auf die Collage „kleben" willst, z.B. „Ada Lovelace". Wähle die Ebene an und importiere das nächste Bild.

Vielleicht willst du das Bild gar nicht komplett verwenden, sondern nur ein Stück daraus ausschneiden. Das geht so: Zeichne mit dem Zeichenstift oder dem Pfadwerkzeug (in der Leiste links das 5. und 6. Symbol von unten) mithilfe der Maus eine Linie um das, was du ausschneiden willst. Du kannst dabei pingelig sein, musst du aber nicht. Grobe Ränder können in einer Collage gut aussehen. Mit dem Stift wird deine Linie glatter, mit dem Auswahlwerkzeug eckiger. Um den Hintergrund wegzuschneiden, wählst du mit dem Pfeilwerkzeug erst den Pfad an, den du um das Motiv „geschnitten" hast. Dann hältst du die Shift-Taste gedrückt und wählst den Hintergrund aus. Als Letztes gehst du auf „Objekt", dann „Ausschneidepfad" und wählst „Setzen". Schwupps: Der Hintergrund ist weg, nur das Motiv bleibt stehen.

Lade dir das freie Grafikprogramm „Inkscape" auf www.inskape.org kostenlos herunter und installiere es im Ordner „Programme".

Wiederhole das für alle Motive, die du in die Collage einbauen willst. Sortiere die Ebenen, indem du sie im Ebenen-Fenster anordnest: Die oberste Ebene ist die, die auch auf dem Bild ganz oben liegt. Schiebe deine Motive auf dem Blatt hin und her, passe die Größe an oder drehe und spiegle sie, bis du zufrieden bist. Du kannst auch Sterne, Kreise oder andere Muster in allen möglichen Farben einfügen oder mit dem digitalen Pinsel etwas zeichnen. Probier einfach die Werkzeuge in der Leiste aus.

Bist du mit deinem Arrangement zufrieden, speicherst du es noch mal ab. Vielleicht hängt deine Collage über die Bildfläche (den schwarzen Rahmen) hinaus. Um alles auf dein „Blatt" zu bekommen, wähle zum Schluss alle Objekte gleichzeitig aus („Bearbeiten" und „Alles auf allen Ebenen auswählen") und ziehe sie gleichzeitig kleiner, indem du die Auswahl an einem der Eckpfeile packst. Speichern und fertig!

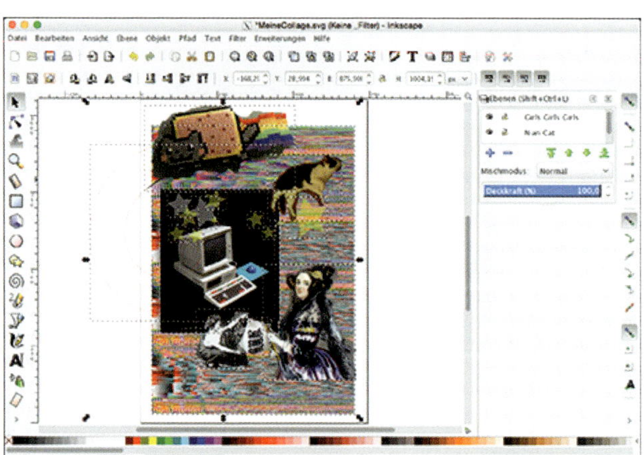

Stichwort

„Copyright" oder „Urheberrecht"

Nicht jedes Bild, das du im Netz findest, darfst du auch benutzen. Wenn du planst, dein Werk zu veröffentlichen, musst du für alle darin verwendeten Motive die Bildrechte klären – mit der jeweiligen Urheberin oder dem Urheber. Am einfachsten ist das mit Fotos, die du selbst gemacht hast – diese darfst du natürlich immer verwenden, denn du selbst bist Urheberin und hast die Rechte daran. Kennst du die Urheberin, kannst du sie um Erlaubnis bitten, plündere also die Fotoalben deiner Freundinnen und deiner Familie. Wenn das nicht reicht: In Google und auf Wikimedia Commons kannst du mit der erweiterten Suche nach Fotos unter einer sogenannten Creative-Commons-Lizenz suchen (suche nach den Lizenzen, die „Derivate" erlauben, d. h., du darfst das Bild auch verändern). Eine wunderbare Ressource sind auch alte Fotos: Nach 100 Jahren läuft das Urheberrecht in Deutschland ab, d.h., im Jahr 2016 darfst du alle Fotos verwenden, die 1916 oder früher gemacht wurden.

Wenn du dir nicht sicher bist, ob du ein Foto verwenden darfst: Frag die Person, die es gemacht hat (das siehst du am Copyright-Hinweis). Viele Fotografinnen erteilen dir gerne die Erlaubnis, ihr Foto zu verwenden – besonders, wenn du damit kein Geld verdienen willst. Mehr zum Thema Urheberrecht erfährst du im Kapitel „Senden und Wissen teilen" auf S. 56.

DIGITALES DAUMENKINO

Ein animiertes GIF bauen

nur du

1 Stunde

wenn du eigenes Foto- oder Videomaterial verwendest, gar keine

Du brauchst:

- > Vision von deinem Meisterwerk
- > Video (am besten selbst gedreht)
- > Computer mit „Photoshop" (wie du ohne „Photoshop" GIFs baust, siehe S. 109)

Animierte GIFs sind die vielleicht beliebteste Kunstform, die das Internet hervorgebracht hat. Egal ob hinterlistige Pinguine, Faultiere beim Essen oder augenrollende TV-Heldinnen – die Bilddateien, die im Browser als Filmschleife laufen, sind auf einem Siegeszug im Netz.

Ein animiertes GIF funktioniert ähnlich wie ein Daumenkino oder ein Stop-Motion-Film: Indem mehrere Bilder schnell hintereinander abgespielt werden, entsteht im Kopf die Illusion von Bewegung. Das heißt, GIFs sehen zwar aus wie kleine Videos, sind aber eigentlich Bilder – und brauchen entsprechend wenig Speicherplatz. Ideal für's Netz!

Im Web kannst du aus gefühlt Trillionen von GIFs zu unterschiedlichsten Themen und Gefühlslagen wählen. Aber warum nicht dein eigenes basteln? Hier ein kleiner Guide für die Kreation deines eigenen Mini-Stummfilms.

Ein GIF aus einem Video erstellen:

Such dir einen Videoausschnitt, den du zum GIF machen willst. Das kann alles sein, von deiner Katze beim Rückwärtssalto bis zu deinen Eltern beim Augenrollen. Achte nur darauf, dass der Clip nicht zu lang ist. Ideal sind zwei bis drei Sekunden, auf keinen Fall mehr als fünf, sonst wird die Datei zu groß, um sie im Web schnell zu laden.

Tipp!

Es gibt mehr als ein Dutzend weitere Möglichkeiten, GIFs zu erstellen: Smartphone-Apps, kostenlose Online-Werkzeuge wie gifmaker.me oder makeagif.com/youtube-to-gif. Alle kommen mit eigenen Vor- und Nachteilen. Recherchiere die beste Variante für dich.

⇨ Speichere das Video auf deinem Computer – entweder vom Smartphone oder der Kamera aus oder direkt aus dem Internet. Aber Achtung: Copyright beachten. Nicht alles, was im Netz rumdümpelt, darfst du auch verwenden (siehe Kasten zum Thema „Urheberrecht“ auf S. 107). Wenn du sichergehen willst, verwende besser dein eigenes Material.

⇨ Öffne „Photoshop“ und importiere das Video (im Menü „Datei“ auf „Importieren“ und dann „Videoframes in Ebenen“). Dein Video wird jetzt fein säuberlich Bild für Bild in eine Serie von Einzelbildern zerlegt. Du kannst das gesamte Video „von Anfang bis Ende“ importieren oder einen Ausschnitt auswählen (halte dazu die Shift-Taste gedrückt und bewege die Regler an den Start- und Endpunkt des Ausschnitts, den du wählen willst).

⇨ Dein GIF wird später keinen Ton haben. Falls es also was zu sagen gibt, könnte ein Untertitel praktisch sein. Um einen hinzuzufügen, lege eine weitere Ebene an (im Fenster „Ebenen“ das Icon, das wie ein Blatt Papier aussieht). Wähle das Textwerkzeug (das kleine „T“ in der Werkzeugleiste) und zieh einen Textkasten auf, in den du deinen Untertitel tippst. Als Schriftart eignen sich „Calibri“, „Arial“ oder „Myriad Pro“, als Textfarbe Weiß oder ein anderer heller Ton. Positioniere den Kasten oben oder unten am Bildrand und zentriere den Text, damit es wie ein Untertitel aussieht. Wenn der Untertitel nicht im gesamten Clip zu sehen sein soll, kannst du ihn auf den Bildern, die nicht untertitelt sein sollen, ausblenden. Klicke dazu im Fenster „Ebenen“ auf das Auge in der Text-Ebene.

Bist du zufrieden, speicherst du das GIF ab (im Menü „Datei“ und dort „Für das Web speichern“). Du bekommst ein Fenster mit einer Reihe Einstellungen, die du manipulieren kannst, um deine Datei möglichst klein zu bekommen – das Ziel ist 1 MB oder kleiner, denn dein GIF soll später im Netz zackig laden. Fummele ein wenig herum, bis du das Optimum an Bildqualität bei möglichst kleiner Dateigröße gefunden hast:

Farben: Schränkt die Zahl der Farben ein, die dein GIF verwendet. Das spart Speicherplatz.

Dither: Das ist ein Effekt, der Farben so überlagert, dass es aussieht, als würde das Bild mehrere Zwischentöne verwenden, obwohl die Farbpalette klein ist. So sieht das Bild auch bei einer kleineren Farbpalette gut aus.

Lossy: Legt die Bildqualität fest. Ein niedrigerer Wert bedeutet eine kleinere Datei – und je nach intendierter Ästhetik sieht es vielleicht sogar ganz gut aus.

Größe: Legt die Bildgröße deines GIFs fest. Je kleiner, umso kleiner wird auch die Datei. Wenn dein GIF später im Browser eh nur briefmarkengroß sein soll, dann speichere es auch nur briefmarkengroß ab.

Fertig? Dann Speichere dein GIF im Ordner deiner Wahl ab. Tatütata, dein GIF ist da. Lade es im Web hoch, maile es an deine Freundinnen oder poste es in dein Blog.

Animierte GIFs (kurz für „Graphics Interchange Format“) binden mehrere Einzelbilder in eine Datei ein und spielen sie als kurze Animation ab. Eigentlich ist das ein alter Schuh. Schon 1987 entwickelte die Firma „CompuServe“ das Bildformat. In den Anfängen des Webs sorgte das GIF dafür, dass sich auf Webseiten alles drehte, blinkte und wackelte (autsch!). Danach war das GIF für lange Zeit ziemlich out, bis es vor ein paar Jahren mit der Blogging-Plattform Tumblr sein großes Comeback feierte. Seither scheint es, als sei das GIF nicht mehr aufzuhalten. Das „Oxford American Dictionary“ erklärte „GIF“ zum Wort des Jahres 2012 und sogar Kunstausstellungen beschäftigen sich mit dem GIF.

Verstehe.

DIGITALES DAUMENKINO TEIL II

Einen Stop-Motion-Film mit „Vine" drehen

Stop-Motion ist eine Filmtechnik, mit der du reglose Objekte zum Leben erwecken kannst. Cornflakes wandern dann auf einmal über den Teller, Knetfiguren tanzen Ballett oder Spielzeugautos liefern sich wilde Verfolgungsjagden. Das funktioniert, weil Stop-Motion die Faulheit des menschlichen Auges ausnutzt. Wenn einzelne Bilder schnell hintereinander abgespielt werden, sieht das für unser Auge aus wie eine durchgehende Bewegung: So funktionieren zum Beispiel auch Filmkameras, die viele einzelne Bilder hintereinander aufnehmen (normalerweise 24 bis 30 Bilder pro Sekunde).

1 und mehr
je nach Aufwand 1 bis 3 Stunden
wenn du schon ein Smartphone hast, keine

Du fängst also mit einem Foto an. Danach veränderst du eine Kleinigkeit – bewegst ein Objekt zum Beispiel einen Tick nach rechts oder hebst den Arm einer Figur ein Quäntchen – und machst dann noch ein Foto. Mit viel Geduld und ein bisschen Feingefühl sehen die Bilder, schnell hintereinander abgespielt, am Ende aus wie eine durchgehende Bewegung.

Du brauchst:

> Smartphone
> die kostenlose App „Vine“ (für Android, iPhone oder Windows)
> Stativ für das Smartphone (oder du baust dir selbst eins z.B. aus Socken)
> 1 bis 2 Schreibtischlampen oder gutes Tageslicht (gutes Licht macht viel aus für die Qualität deines Films)

Besonders einfach geht das mit der Smartphone-App „Vine“, Hier kannst du mit wenigen Schritten kurze Stop-Motion-Filme drehen, bearbeiten und direkt im Netz veröffentlichen.

Bevor es losgeht, brauchst du erst mal eine gute Idee: Wie kannst du mit möglichst geringem Aufwand eine lustige, überraschende, kluge oder absurde kleine Geschichte erzählen? Willst du einen Apfel im Tisch versinken und wieder emporsteigen lassen? Eine Scheibe Toastbrot zum Tanzen bringen? Die besten Filme bringen dein Publikum zum Staunen oder Lächeln – und ein gutes Konzept ist hier mehr als die halbe Miete. Nimm dir also ruhig Zeit dafür. Schreib deine Ideen auf oder zeichne sie als Storyboard.

Achte auf Timing: Auf „Vine“ darf dein Film maximal sechs Sekunden lang sein. Wie viel Handlung kannst du in sechs Sekunden unterbringen? Spiel deine Szene im Kopf durch. Wirkt sie überfrachtet? Dann reduziere dein Konzept: Schmeiß alles raus, was nicht unbedingt notwendig ist, um deine Story zu erzählen.

Bereite jetzt den Dreh vor. Du willst dein Telefon die ganze Zeit über stabil halten, damit der Film später nicht wackelt. Falls du kein Stativ hast: Aus aufgerollten Socken oder Büchern lassen sich hervorragende Halterungen bauen. Hauptsache, dein Telefon bewegt sich während des Drehs nicht, wenn du auf den Bildschirm tippst.

Profi-Tipp!

Mit dem Geister-Symbol in „Vine“ kannst du im „Geister-Modus“ arbeiten, d.h., du siehst auf jedem Bild eine durchsichtige Version des vorherigen Bildes. Das hilft, einen glatten Bewegungsablauf zu schaffen.

Stell dir deinen Film wie ein animiertes Foto vor. Es gelten auch die gleichen Regeln wie für ein gutes Foto: Eine interessante Perspektive und eine harmonische Balance in der Aufteilung des Bildes werden dein Video visuell glänzen lassen.

Platziere das Licht so, dass deine Szene die ganze Zeit über gut ausgeleuchtet ist. Du willst nicht, dass dein Film später „flackert“, weil sich der Lichteinfall im Laufe des Drehs ändert (etwa weil sich der Nachmittag zum Ende neigt). Wenn du denkst, dass dein Dreh länger als ein paar Minuten dauert, dunkle den Raum am besten ab und nutze künstliches Licht.

Ist all das getan, kannst du mit dem Dreh beginnen: Öffne „Vine“ und starte eine neue Aufnahme (indem du auf das Kamera-Symbol tippst). Für jedes Bild tippst du jetzt einmal kurz auf den Bildschirm. Am Balken oben siehst du, wie viel Zeit du noch hast. Im Beispiel unten verschwindet ein Apfel im Tisch und taucht wieder auf. Dazu schneidest du Scheibe um Scheibe vom Apfel ab und machst jedes Mal ein Foto, bis du den ganzen Bewegungsablauf hast. Ganz am Ende drückst du einmal länger auf den Bildschirm, um eine längere Sequenz aufzunehmen.

Übrigens

Stop-Motion ist eine Kunst, an der manche ihr ganzes Leben lang arbeiten. Wie weit bewegst du ein Objekt zwischen zwei Bildern? Wie schnell muss eine Person den Arm heben, damit es natürlich aussieht? Das alles erfordert viel Feingefühl und vor allem Erfahrung. Sieh deine Filme als Experiment: Wenn am Anfang etwas nicht ganz so perfekt aussieht, kannst du es nächstes Mal besser machen.

Hast du alle Bilder „im Kasten“, drücke auf „Weiter“, um die Aufnahme zu beenden und in den Editiermodus zu gelangen (kleines Schere-Symbol). Hier kannst du die Reihenfolge der Bilder arrangieren, einzelne Bilder löschen oder duplizieren, je nachdem, ob die Animation schneller oder langsamer laufen soll. Du könntest deinen Film auch rückwärts abspielen oder, z. B. beim Apfel, alle Bilder duplizieren und so anordnen, dass er erst im Tisch versinkt und dann wieder aufsteigt. Halte die Bilder gedrückt und ziehe sie dann mit dem Finger an die Stelle im Film, an der du sie haben willst.

Spiele deinen Film testweise ab. Zufrieden? Dann verpasse ihm einen guten Namen und veröffentliche ihn.

GERÄUSCHVOLL UNTERWEGS

Ein Sound-Tagebuch führen

mindestens 1, gerne auch mehr

5 Minuten bis unbegrenzt

wenn du ein Gerät zum Aufnehmen leihen kannst, gar keine

Um dich hinterher an Reisen oder Streifzüge durch den Alltag zu erinnern, hast du bestimmt schon Fotos gemacht, Tagebuch geführt oder sogar Skizzen angefertigt. Aber hast du schon mal daran gedacht, deine Erlebnisse als Tonaufnahmen zu dokumentieren?

Das Knirschen von frischem Schnee unter deinen Füßen, der Krach einer aufregenden Party oder das Stimmengewirr einer fremden Stadt – Klänge können die Erinnerung an bestimmte Situationen oft sehr viel eindrücklicher wachrufen als Bilder. Wenn du also das nächste Mal verreist oder auf Entdeckungstour gehst, rüste dich vorher aus, um interessante Töne festhalten zu können. Etwa mit einem Smartphone, einem Laptop, dem Diktiergerät deiner Eltern oder einem alten Kassettenrekorder mit Mikrofon.

Überleg dir, welche Arten von Klang du aufnehmen möchtest: Magst du Naturgeräusche, wie das Zwitschern von Vögeln? Vielleicht gefällt dir auch das genaue Gegenteil: Straßenlärm, das Quietschen von Zugbremsen. Oder du versuchst, in so vielen Städten und Ländern wie möglich, den Sound von Aufzügen oder Klimaanlagen zu vergleichen. In jedem Fall ist es hilfreich, wenn du dir Notizen zu den Quellen deiner Geräuschaufnahmen sowie zum Ort und der Zeit machst, damit du die Geräusche hinterher zuordnen kannst.

Du brauchst:

> Smartphone oder anderes Gerät mit Mikro-/Aufnahmefunktion
> Notizbuch und Stift
> evtl. Apps oder Programme, um den Ton zu schneiden

⇨ Hast du etwas gefunden, das dir gefällt, zücke dein Gerät und drücke auf „Record“. Nützlich ist dabei ein Kopfhörer, mit dem du die Qualität des Sounds überprüfen kannst. Die Länge der einzelnen Aufnahmesequenzen hängt davon ab, wie spannend du die Quelle findest. Nur zu kurz sollten sie nicht sein, weil sich der Ton dann nicht richtig entfalten kann. Du wirst feststellen, dass die meisten Aufnahmen zwischen einigen Sekunden und einigen Minuten liegen werden.

⇨ Oft sind die Aufnahmebedingungen alles andere als ideal, weil es störende Nebengeräusche gibt oder der Wind so laut pfeift, dass er alle anderen Töne überlagert. Entweder du machst genau diese „Unreinheit“ zum Charakter deines Klangtagebuchs. Oder du versuchst, dein Aufnahmegerät (z. B. mit der Hand) abzuschirmen. Eine weitere Möglichkeit ist, in ein teures Mikro zu investieren, das für genau solche Situationen gemacht ist.

Ursprünglich waren Field Recordings ein Mittel für Forscherinnen und Forscher, um unbekannte Töne aufzunehmen – z. B. Vogelgesänge oder unbekannte Sprachen und Musiken. Heute sind sie ein eigener Zweig der experimentellen Musik und werden auch als Quelle für andere Musik verwendet – wenn etwa ein Wassertropfen für einen Technotrack gesampelt und geloopt wird.

⇨ Du kannst auch andere Leute in dein Projekt miteinbeziehen, indem du sie interviewst, etwa zu dem Ort, an dem ihr euch befindet. Du könntest sie auch bitten, bestimmte Wörter in ihrer Sprache oder ihrem Dialekt in dein Mikro zu sprechen und diese zu erklären – oder auch nicht. Vergiss auf jeden Fall nie, vor dem Drücken der Aufnahmetaste um Erlaubnis zu fragen, wenn andere Menschen zu hören sind.

⇨ Fordere auch Freundinnen aus deiner Schule oder aus Sozialen Netzwerken dazu auf, für dich Sounds zu einem bestimmten Ort oder Thema zu sammeln und dir per Mail zu schicken. Aus diesen könntest du, versetzt mit deinen eigenen Aufnahmen, eine Collage anfertigen, die du mit anderen teilst.

KNARZ BUMM GRRR!

Soundeffekte selber machen

1 oder mehrere
so viel du willst
wenn du Smartphone oder Mikro ausleihst, keine

Wenn dich der Ton im Kino aus dem Sessel reißt und du mit den Ohren gerne in deiner Umwelt versinkst, bist du wahrscheinlich eine geborene Sounddesignerin. Geräusche haben – manchmal unbewusst – eine riesige Wirkung auf die Wahrnehmung dessen, was wir sehen. So richtig im Geschehen fühlen wir uns erst, wenn wir es rascheln, knistern, schnaufen und klappern hören. Im Internet gibt es einen großen Vorrat an frei erhältlichen Geräuschen. Viel toller ist es aber, Sounds selber zu machen. Das macht Spaß, und du weißt, dass deine Sounds in keinem anderen Spiel oder Film vorkommen.

Wenn du Sound-Effekte für ein Hörspiel, Video oder Computerspiel selber machen willst, brauchst du ein Mikrofon und eine Software, mit der du Tondateien bearbeiten kannst. Ein gutes Audioprogramm ist „Audacity", das du kostenlos im Internet herunterladen kannst (www.audacity.de). Falls du ein USB-Mikrofon hast, ist das sehr praktisch, weil du es an den Computer anschließen und die Töne direkt im Audioprogramm aufzeichnen kannst. Für den Anfang kannst du zum Ausprobieren aber auch einfach ein Smartphone verwenden. Auf dem iPhone kannst du eine kostenlose App wie z. B. „Hokusai Audio Editor" benutzen. Für Android gibt es „Easy Voice Recorder".

Du brauchst:

- Computer
- Audioprogramm, z. B. das Open-Source-Programm „Audacity"
- Smartphone oder Mikrofon (am besten eins, das du mit USB direkt an den Rechner anschließen kannst)

Bevor du loslegst, überlegst du dir folgende Punkte: Welche Stimmung willst du erzeugen (entspannt, düster, witzig)? Wie soll der Stil der Sounds sein (realistisch, cartoonig oder spacig)? Wenn du einen Sound für ein Computerspiel machst: Welche Signale sollen die Spielerinnen und Spieler vom Ton erhalten (z. B. dass sie einen Punkt gesammelt haben]? Wird es Musik geben, und wenn ja, welche? Wie werden sich deine Sounds mit der Musik vertragen? Diese Dinge können sich natürlich im Verlauf des Spiels oder Films ändern, die Stimmung etwa vom Fröhlichen ins Bedrohliche kippen. Überleg dir, an welchen Stellen das passiert.

Soll der Sound für ein Spiel sein, besorge dir, wenn möglich, Videos oder Bilder daraus. Wenn du weißt, wie die Figuren aussehen, kannst du dir viel besser vorstellen, wie sie klingen sollen. Das Gleiche gilt für die Handlung und die Charaktere in einem Film.

Schau dir die Bilder und Szenen an und überlege, was dabei zu hören sein müsste: Geht jemand über die Straße [Schritte], fährt ein Auto vorbei [Motorengeräusche]? Wird eine Katze gekrault [Miauen oder Schnurren]? Welche Sachen gibt es außerhalb des gezeigten Bereichs zu vertonen [Regenprasseln vor dem Fenster, Radio aus dem Nebenzimmer, streitende Nachbarn]? Mach dir eine Liste mit allen Tönen und Sounds.

Hast du die Liste, kommt jetzt der wichtigste Schritt: Überleg dir, welche Dinge du tatsächlich hören willst. Du musst nicht allem einen Sound verpassen, was im Bild zu sehen ist. Du kannst Dinge hervorheben, indem du andere stumm lässt. Welche das sind, entscheidest du. Probier einfach aus und zeig deine Arbeit Freunden, um zu sehen, ob der gewünschte Effekt auch für andere funktioniert.

Versuch dir vorzustellen, welche Geräusche die Erzählung unterstützen. Wie könntest du einen bestimmten Charakter unsympathisch wirken lassen? Wie Katastrophenstimmung oder ein Gefühl von Geborgenheit erzeugen? Bei der sogenannten „Atmo“ [kurz für „Atmosphäre“], also der Geräuschkulisse, haben schon Kleinigkeiten einen großen Effekt. Ob ein Wald etwa friedlich oder bedrohlich wirkt, kannst du mit wenigen Details beeinflussen: Zwitschern Vögel, rauscht der Wind sanft in den Blättern, summen die Bienen? Oder bellt irgendwo in der Ferne ein Hund und Äste knarren bedrohlich im Wind?

Achtung

Speichere deine Aufnahmen immer in einem unkomprimierten Dateiformat wie WAV. MP3-Dateien brauchen zwar viel weniger Speicherplatz, du solltest sie aber nur benutzen, wenn du deine fertigen Sounds später übers Netz an Freundinnen verschicken willst, niemals während der Produktion, da bei der Datenreduzierung auch einiges vom Klang flöten geht. Aufnahmen vom Smartphone ziehst du per Datenkabel auf deinen Rechner und kannst sie dann einfach in dein Audioprogramm reinziehen und dort weiter bearbeiten.

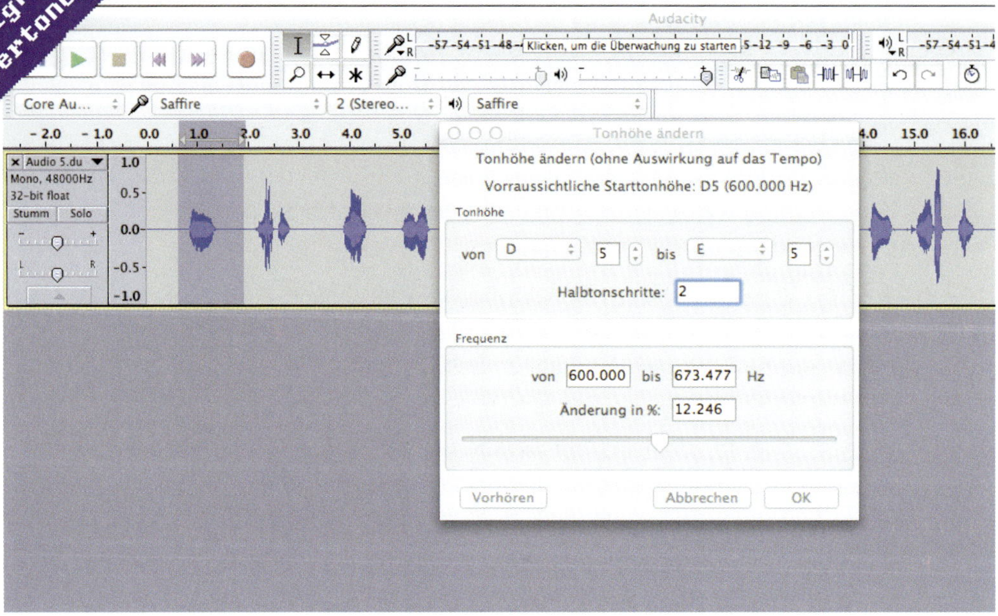

Im Audioprogramm „Audacity“ kannst du die Tonhöhe deiner Aufnahme ändern – und deine Stimme so in ein tiefes Monstergrunzen oder hohes Mäusequieken verwandeln.

⇨ Wenn du ungefähr weißt, welche Sounds du brauchst, geht's ans Aufnehmen. Mach deine Aufnahmen in möglichst ruhiger Umgebung, damit du später keine Auto-Hupe im Hintergrund hast. Bei realen Geräuschen, wie etwa Schritten, achte erst mal darauf, wie sie in echt klingen. Probiere verschiedene Schuhe auf verschiedenen Böden aus. Ein bisschen Kaffeepulver auf dem Boden knirscht wie der Dreck auf der Straße. Ein Stoffbeutel mit Stärke gefüllt klingt wie Schritte im Schnee, wenn du drauf drückst oder läufst [Achtung, staubt!].

⇨ Nimm die Geräusche immer im Kopf auseinander, so als hätten sie verschiedene Schichten. Wenn ein altes Fahrrad an dir vorbeirollt, was hörst du dann? Das Geräusch der Reifen auf dem Boden, das Drehen der Pedale, das Klappern von losen Schutzblechen und vielleicht auch noch ein Quietschen der rostigen Kette. Es macht einen Riesenspaß, alle diese Zutaten voneinander zu trennen und herumzuprobieren, wie unterschiedliche Mischungen das Ergebnis verändern. Eine Person, ein Tier oder Monster brauchen in der Regel Schritte, Bewegungsgeräusche [Klamottenrascheln, das Scheppern der Rüstung, das Klappern der Hundeleine] und eine Stimme [Reden, Bellen, Atmen]. Dazu kommen die Dinge, die diese Figur macht [Schwert ziehen, fressen].

Gerade Monster sind ein toller Spielplatz für Sounddesign. Versuche auf jeden Fall, den Viechern deine Stimme zu geben! Zieh dich irgendwohin zurück, wo dir nichts unangenehm sein muss, und jaule, brülle, wimmere und winsle in dein Mikrofon. Jedes Audioprogramm hat heute ein paar Effekte, mit denen du später die Aufnahmen verändern kannst. Zum Beispiel kannst du deine Stimme runterpitchen, also in der Tonhöhe senken; damit wird aus deinem Gebrüll schnell ein Dinosaurier. Die menschliche Stimme ist deswegen so ein tolles Instrument für Sounddesign, weil du damit sehr einfach Gefühle in allen Schattierung darstellen kannst. Du hast die Möglichkeit, den Dino wütend brüllen zu lassen oder auch traurig, weil gerade sein Ei gestohlen wurde. Oder er fordert die anderen Dinos dazu auf, mit ihm zu spielen. Weil wir Menschen so sehr auf Stimmen geeicht sind, verstehen wir solche kleinen Unterschiede in anderen Stimmen sofort. Wenn du das üben willst, kannst du mal versuchen, dich mit deinen Eltern nur per Miauen zu unterhalten.

Tipp!

Richte das Mikrofon immer auf das, was du aufnehmen möchtest. Achte darauf, dass dein Mikro nicht zu laut eingestellt ist (sonst verzerrt's) oder viel zu leise (dann rauscht es nachher).

Um die Fantasie auf Trab zu bringen, gibt es tolle Übungen. Du kannst zum Beispiel sämtliche Geräusche nur mit dem Mund erzeugen (du wirst erstaunt sein, wie viele Sachen du auf diese Weise imitieren kannst, vom vorbeifahrenden Auto über das Sirren einer Lampe bis zur Musik). Oder du vertonst mal zum Spaß nur die Dinge, die sich außerhalb des Bildes befinden. Anfangs bleibt man gern zu nah an der Realität. Probiere auf jeden Fall auch ganz wilde Sachen aus!

Almut Schwacke arbeitet seit zehn Jahren als Sound-Designerin und Komponistin für Filme und Computerspiele in Berlin. Sie liebt es besonders, Monstern ihre Stimme zu verleihen, und veröffentlicht mit einem Kollegen den filmtonpodcast.de. Mehr von ihr hörst du auf almutschwacke.de

SICHERN VERSCHL

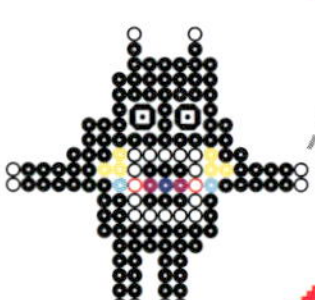

Deine E-Mails verschlüsseln Seite 122

Deine Privatsphäre im Netz schützen Seite 128

Ein WLAN sicher machen Seite 125

UND
ÜSSELN

ESSSID

Im Netz sind viele Leute unterwegs, die nur zu gerne wissen wollen, was du so treibst. Unternehmen und Soziale Netzwerke, die sich für deine Daten interessieren, um dir etwas zu verkaufen. Geheimdienste, die deine E-Mails scannen. Trolle, die dich für deine Meinung angreifen und provozieren wollen. Wie du sie alle austrickst und dich und deine Privatsphäre im Netz schützt, erfährst du in diesem Kapitel.

Dich im Netz präsentieren

Seite 131

Sicherer bloggen und twittern

Seite 134

Ein starkes Passwort erstellen

Seite 137

TOP SECRET

Deine E-Mails verschlüsseln

1 bis viele
ca. 1 Stunde zum Einrichten
keine

Eine normale E-Mail ist etwa so privat wie eine Postkarte. Alle, die wollen, können mitlesen, wenn sie die Daten auf dem Weg von dir zur Empfängerin abfangen. Willst du vertraulich kommunizieren, dann mach einen Briefumschlag um deine Postkarte – mit einem Verschlüsselungsverfahren. So kann nur noch die Empfängerin deines Vertrauens deine Nachricht lesen.

Wie sicher der Umschlag vor neugierigen Blicken schützt, hängt von der Art der Verschlüsselung ab. Internet-Aktivistinnen raten zu einer Verschlüsselung mit PGP (siehe Kasten auf S. 124). PGP verschlüsselt deine E-Mails so gut, dass selbst Geheimdienste das nicht knacken können. Aber Achtung: Die Betreffzeile deiner Mail wird nicht mitverschlüsselt. Hier solltest du also nichts Vertrauliches reinschreiben.

Ausgehtipp

Auf sogenannten Cryptopartys kannst du dich mit anderen über Datenschutz austauschen und dir von Expertinnen dabei helfen lassen, PGP zu installieren. Hier kannst du nachschauen, wann und wo die nächste in deiner Nähe stattfindet: www.cryptoparty.in

PGP funktioniert nur im Kombination mit einem E-Mail-Programm, das auf deinem Rechner installiert ist. Falls du deine Mails bisher über einen Browser verschickst, lade dir als Erstes ein E-Mail-Programm runter (das kostenlose und freie Programm „Thunderbird" wäre z. B. eine sichere Option). Installiere das Programm und richte deine existierende E-Mail-Adresse hier ein (ausführliche Anleitungen, wie das geht, findest du im Internet).

Die Verschlüsselung in „Thunderbird" funktioniert über zwei Bauteile: den „GNU Privacy Guard" (GnuPG), das ist ein kostenloses Programm, mit dem du Nachrichten und Dateien verschlüsseln und entschlüsseln kannst – und das dir die dazu notwendigen Schlüssel generiert. Und als Zweites über ein sogenanntes

Add-on – also ein zusätzliches Programmbauteil – für „Thunderbird“ namens „Enigmail“. Damit kannst du deine E-Mails direkt in „Thunderbird“ PGP verschüsseln.

⇨ Lade dir also erst GnuPG für dein Betriebssystem herunter und installiere es wie ein normales Programm auf deinem Rechner (www.gnupg.org).

⇨ Hast du die Software erfolgreich installiert, bist du jetzt bereit für das „Enigmail“-Add-on. Gehe in „Thunderbird“ auf „Extras“ und dort auf die Option „Add-ons“. Suche nach „Enigmail“ und klicke auf „installieren“. Starte das Programm neu. Wenn alles funktioniert hat, müsste jetzt ein neuer Menüpunkt „Enigmail“ auftauchen.

⇨ Als Nächstes richtest du „Enigmail“ ein und generierst deine beiden Schlüssel (mehr dazu im Kasten auf S. 124). „Enigmail“ bietet dazu einen praktischen Assistenten, der dich durch die einzelnen Schirtte führt (wenn er sich nicht von selbst öffnet, findest du ihn unter „Enigmail“ und „Einrichtungs-Assistent“). Folge den Anweisungen und starte zum Schluss den Rechner neu.

⇨ Schreibst du jetzt eine neue Mail, kannst du auswählen, ob du sie mit PGP verschlüsseln willst oder nicht. Deinen öffentlichen Schlüssel gibst du allen, mit denen du künftig geheim kommunizieren willst (sie benutzen ihn, um ihre Nachrichten an dich zu verschlüsseln). Dein privater Schlüssel ist mit einem Passwort geschützt, das nur du kennst – zeige es absolut niemandem! Mit ihm kannst du die verschlüsselten Mails an dich öffnen.

⇨ Alles klar, äh, verschlüsselt? Dann viel Spaß bei der privaten Kommunikation.

Achtung

Expertinnen kritisieren, dass der öffentliche Schlüssel für PGP auf einen Server hochgeladen wird. So ist der Inhalt deiner E-Mails zwar geheim, neugierige Augen können aber rekonstruieren, mit wem du deinen Schlüssel getauscht hast. Je nachdem, wie hoch deine Sicherheitsanforderungen sind, kann auch das schon gefährlich sein. Trotzdem ist eine mit PGP verschlüsselte E-Mail-Kommunikation immer sicherer als eine ohne Schlüssel.

Was ist PGP und asymmetrische Verschlüsselung?

PGP steht für „pretty good privacy" – also: „ziemlich guter Datenschutz" – und ist ein asymmetrisches Verschlüsselungsverfahren. Was das ist? Normalerweise funktionieren Geheimsprachen so, dass beide Partnerinnen den gleichen Code verwenden. Zum Beispiel: Wir schreiben alle Wörter rückwärts: „Eresnu Ehcarpsmieheg tsi, Retröw sträwkcür uz nehcerps." Übersetzt heißt das: „Unsere Geheimsprache ist, Wörter rückwärts zu sprechen." Wenn ihr euch beide auf diesen Code geeinigt habt, kannst du deine Nachrichten in Geheimtext umwandeln, indem du Wörter rückwärts schreibst – und deine Partnerin kann sie entschlüsseln, indem sie die Wörter von hinten nach vorne liest. Ihr verwendet denselben Schlüssel: symmetrische Verschlüsselung.

Asymmetrische Verschlüsselung funktioniert dagegen mit zwei verschiedenen Codes: mit einem öffentlichen Code für die Umwandlung in Geheimtext und einem geheimen Code, um den Geheimtext wieder in Klartext zu verwandeln. Den öffentlichen Schlüssel gibst du allen, die dir geheime Post schicken sollen. Sie benutzen den Code, um ihre Nachrichten an dich zu verschlüsseln. Den geheimen Schlüssel hast dagegen nur du. Du bist also die Einzige, die diese verschlüsselten Nachrichten dekodieren kann. Wie ein Briefumschlag, den nur du öffnen kannst.

Ein WLAN sicher machen

Über ein WLAN kannst du kabellos im Netz surfen oder Geräte miteinander verbinden. Allerdings musst du diese drahtlosen Funknetzwerke auch vor Eindringlingen schützen – denn du willst nicht, dass andere deine Daten abfangen und über deinen Internetanschluss Quatsch machen, für den du verantwortlich gemacht wirst. So machst du dein WLAN in wenigen Schritten einbruchsicher:

nur du
ca. 1 Stunde
keine, falls du schon eine WLAN-Basisstation hast. Falls nicht, ca. 50 Euro

Jedes WLAN trägt einen Namen, die sogenannten ESSID „Extended Service Set Identifier". Die meisten WLAN-Basisstationen kommen mit einem voreingestellten Namen. Diesen solltest du unbedingt ändern, sonst ist es so, als würdest du deinen Haustürschlüssel draußen vor der Tür baumeln lassen. Wähle für dein Netzwerk einen möglichst unvorhersehbaren Namen, also nicht „DSLWLANModem200"

oder „MeinWLAN“, sondern lieber „GirlsJustWannaHaveLAN“ oder etwas ähnlich Schräges.

Basisstationen senden ihre Namen standardmäßig durch die Gegend. Eine weitere Sicherheitsmaßnahme ist also, das automatische Senden zu unterdrücken – bei neueren Basisstationen kannst du das einstellen. So können nur diejenigen das Netz sehen, die den Namen bereits kennen – weil sie ihn von dir mitgeteilt bekommen haben.

Wo stellst du das alles ein? Die meisten Basisstationen verwaltest du über eine Administrationswebseite, die du in einem Browser öffnest. Das kannst du dir wie eine Webseite vorstellen, die nur in deinem lokalen Netz funktioniert. Wenn du das WLAN zum ersten Mal anschaltest, steckst du deinen Rechner und die Basisstation über ein Netzwerkkabel zusammen. Adresse und ein vorkonfiguriertes Passwort für die Administrations-Seite findest du in dem Brief, den dein Netzanbieter mit dem Gerät mitgeschickt hat. Gib die Adresse in den Browser ein, dann den Nutzernamen und das Passwort – und du bist drin! Auf der Administrationsseite kannst du jetzt den Namen und alle anderen Einstellungen für dein WLAN anpassen. In jedem Fall solltest du das voreingestellte Passwort ändern (Achtung: Das Passwort für diese Administrations-Seite ist nicht das gleiche wie das Passwort für dein WLAN, lass dich davon nicht verwirren). Denk dir ein möglichst starkes Passwort aus (mehr dazu im Kapitel „Ein starkes Passwort erstellen“ ab S. 137). Später solltest du dieses Passwort in regelmäßigen Abständen ändern, um das Risiko eines Einbruchs zu minimieren. Und verwahre dein Passwort sicher – in deinem Kopf oder einem digitalen Schlüsselbund (mehr dazu auf S. 138). Du willst dich nicht aus deiner eigenen Basisstation aussperren!

Damit hast du die Basics, es geht aber natürlich immer noch sicherer. Du kannst

Wo findest du die MAC-Adresse?

Die MAC-Adresse ist eine Nummer, die jedes Gerät zugeteilt bekommt, damit es in einem Rechnernetz eindeutig identifiziert werden kann. Bei Microsoft wird sie auch „physikalische Adresse“ genannt. Sie sieht etwa so aus: 85:45:33:45:54:1A. Oft steht sie auf den Geräten hintendrauf. Bei Macs findest du sie unter den Angaben zu „Netzwerk/WLAN/Weitere Optionen/Hardware“. Auf Android-Smartphones versteckt sie sich in den Einstellungen unter „Hardware-Informationen“. Auf dem iPhone heißt sie in den Einstellungen „WLAN-Adresse“. Und bei Windows-Rechnern kannst du sie mit einem sogenannten Befehlszeilenkommando auslesen: „ipconfig/all“, bei Linux mit „ifconfig“.

dein WLAN zum Beispiel mit einer Verschlüsselung gegen ungewollte Eindringlinge sichern. Der aktuell sicherste Standard dafür ist WPA2 (die Abkürzung WPA steht für „Wi-Fi Protected Access"). Bietet dein Gerät WPA2 an (bei neueren Geräten ist das eigentlich Standard): super. Wenn nicht, kannst du den nächstbesseren Standard WPA verwenden – den kann man selbst bei ganz alten Kisten als Software-Update nachrüsten. Mit der Verschlüsselung machst du den ungewollten Zugang zu deinem WLAN schon mal wesentlich schwerer – denn wer mitsurfen will, muss erst den Schlüssel knacken, und das ist bei WPA2 sehr schwer.

Ein WLAN-Router bei der Arbeit

Zusätzlich kannst du dein Netz mit einem sogenannten MAC-Filter sichern. Das funktioniert wie eine Gästeliste für dein WLAN: Wer nicht auf der Liste steht, kommt nicht rein. So einfach ist das. Finde die MAC-Adressen der Geräte heraus, die zu dem WLAN Zugang haben sollen (wie das geht, siehst du im Kasten links). Hast du die Adressen beisammen, legst du auf der Administrations-Seite eine Liste mit diesen Nummern an. Besucht dich eine Freundin und will mit ihrem Telefon oder Computer bei dir mitsurfen, musst du sie hier mit anmelden. Für alle anderen gilt: draußen bleiben!

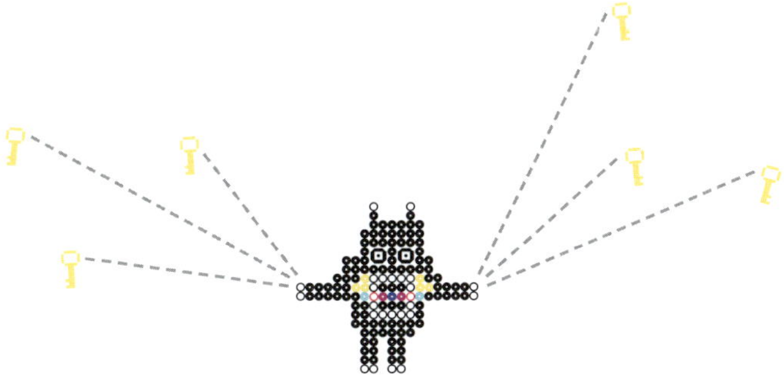

ELEFANTEN-GEHIRN

Deine Privatsphäre im Netz schützen

nur du
solltest du immer im Kopf haben
keine

Das Internet vergisst nicht. Was du – oder andere – einmal über dich im Netz veröffentlicht haben, bleibt wahrscheinlich für immer dort, denn deine Chancen, etwas aus den dezentralen Strukturen des Netzes wieder löschen zu können, stehen eher schlecht. Das gilt auch dann, wenn die besagte Info gar nicht stimmt oder du das peinliche Foto von der letzten Party am liebsten schnell wieder vergessen würdest.

Bevor du im Netz etwas über dich preisgibst, denk nach. Egal, ob Posts in deinem Blog, Statusmeldungen in Sozialen Netzwerken, Bilder oder Videos – veröffentliche nur, was jede und jeder getrost über dich wissen darf. Im Zweifelsfall frag dich, ob du die Information auch in deiner Stadt plakatieren oder in der Fußgängerzone durchsagen würdest. Wenn nicht, solltest du sie auch nicht im Netz veröffentlichen – denn dort bekommen es noch viel mehr Menschen mit. Die gute Nachricht: Du bist eine mündige Person, die selbst entscheidet, wie viel sie über sich preisgeben will. Hier ein paar Punkte, auf die du achten kannst:

- Namen: Gib so selten wie möglich deinen richtigen Namen („Klarnamen") an. Suchmaschinen – und alle, die damit recherchieren – können sonst binnen Sekunden Verbindungen zwischen deinen Profilen und anderen Informationen über dich herstellen. Für Chats oder Soziale Netzwerke kannst du stattdessen einen Spitznamen verwenden. Dieses Pseudonym sollte nichts über dein Alter oder Geschlecht verraten und auch sonst nicht mit dir in Verbindung gebracht werden können. Poste deinen Spitznamen nie zusammen mit deinem richtigen Namen, sonst taucht diese Kombination bei Google & Co. auf und deine Geheimidentität ist futsch.
- E-Mail: Verwende auch für deine E-Mail-Adresse nicht deinen Namen oder dein Geburtsjahr, sondern etwas Unverfängliches.
- Log-in-Daten: Verwende nicht überall das gleiche Passwort. Falls jemand dein Passwort knackt, hat er oder sie sonst Zugang zu all deinen Accounts! (Wie du ein starkes Passwort erstellst, erfährst du auf S. 137.)
- Browser: Wenn du eine Webseite besuchst, gibst du dem Betreiber automatisch Informationen über deinen Computer weiter, z. B. deine IP-Adresse oder welchen Browser du verwendest. Jeder Computer mit Netzzugang bekommt eine solche IP-Adresse zugeteilt. Nur dein Internetprovider kann sie deiner Person zuordnen, aber alle können damit herausfinden, wo auf der Welt du dich befindest. Aktuelle Browser haben einen sogenannten privaten Surfmodus, mit dem du die Weitergabe dieser Daten unterbinden kannst. Noch weniger Spuren hinterlässt du mit dem anonymen Browser „Tor" (siehe Kasten auf S. 130).

Schadensbegrenzung

Ist etwas Peinliches doch im Netz gelandet, kannst du Schadensbegrenzung betreiben – oder es zumindest versuchen. Hast du die besagte Info selbst veröffentlicht, lösche sie sofort. Ist der Informant ein Bekannter, bitte ihn oder sie, die Daten zu löschen. Im zweiten Schritt musst du die Webseite aus dem Index der Suchmaschinen entfernen. Diese bieten dafür Formulare, die du im Netz ausfüllen kannst. Danach bleibt dir nur, zu warten und zu hoffen, dass die Seite aus dem Index verschwindet. Du siehst: keine erfreuliche Sache und sehr aufwendig dazu. Es lohnt sich also, kurz nachzudenken, bevor du peinlichen Quatsch ins Netz stellst.

Ich zeig dir nichts!

Wie funktioniert „Tor"?

„Tor" ist ein kostenloses und freies Programm, mit dem du anonym im Netz surfen kannst, ohne Spuren zu hinterlassen. „Tor" schützt deine Identität, indem es die Datenpakete wie Pingpongbälle kreuz und quer durch ein großes Netzwerk von Computern knallen lässt. So kann niemand herausfinden, welche Seiten du besuchst. Und umgekehrt können die Betreiber der Seiten, die du besuchst, nicht durch deine IP-Adresse herausfinden, wo auf der Welt du dich befindest.

Ich habe doch gar nichts verbrochen, denkst du vielleicht. Warum sollte ich mich heimlich durchs Netz schleichen? Stimmt. Nur wissen wir inzwischen, dass Geheimdienste auf der ganzen Welt die E-Mails, SMS und Online-Aktivität ziemlich vieler Leute überwachen – ohne dass diese sich besonders verdächtig gemacht hätten. Du musst keine Kriminelle sein, um deine Privatsphäre zu schätzen. Die Vereinten Nationen erkennen das Recht darauf als ein grundlegendes Menschenrecht an und viele Länder schützen die Privatsphäre ihrer Bürgerinnen und Bürger explizit in der Verfassung. Wenn du deine Anonymität im Netz wahren willst, kannst du das jederzeit tun.

www.torproject.org

SPIEGLEIN, SPIEGLEIN

Dich im Netz präsentieren

Online hast du die Möglichkeit, die Karten neu zu mischen und dich anders darzustellen als in der Schule, in deiner Familie oder im Sportverein. Du entscheidest, was du über dich preisgeben möchtest und was du für dich behältst. Möchtest du deine nerdy Seite frei ausleben? Oder endlich deine heimliche Affinität für einen bestimmten Star auspacken? Und überhaupt: Wie viele Infos willst du über dich preisgeben?

du selbst
so lang, wie du möchtest
für den Internetzugang

Eine frische Netzidentität ist wie eine leere Leinwand: Du kannst sie von Grund auf neu gestalten. Deshalb ist es wichtig, dir vorher ein grobes Konzept zu überlegen. Änderungen sind später immer noch möglich, aber sei dir immer im Klaren, dass das Internet nicht so schnell vergisst. Überlege dir, mit wem du über die jeweilige Plattform kommunizieren möchtest: mit Schulfreundinnen, mit Verwandten? Oder langweilt dich dein Umfeld und du bist auf der Suche nach

Gleichgesinnten aus der ganzen Welt? In letzterem Fall ist es hilfreich, auf Englisch zu schreiben. Möchtest du auf den Kanälen eher Menschen beobachten oder selbst die Bühne einnehmen? Sollen dir alle folgen können oder möchtest du die Kontrolle über dein Publikum haben? Denk daran: Deine Identität hat viele Facetten, und du kannst selbst bestimmen, welche du betonen und welche du verstecken möchtest.

Sobald du dich für die zu präsentierenden Facetten deines Ichs entschieden hast, kannst du mit der Gestaltung beginnen. Das geht schon mit dem Namen los: Unter deinem vollen Namen werden dich alle finden können. Das kann schön, aber auch nervig sein, denn du weißt nie, ob es eine alte, weggezogene Schulfreundin oder deine zukünftige Arbeitgeberin ist. Viele Personen bevorzugen deshalb Pseudonyme. Du kannst ein Wortspiel aus deinem Namen generieren, einen Spitznamen verwenden oder eine kreative Mischung basteln. Besonders schöne oder witzige Namen bekommen auf Plattformen wie Tumblr oder Instagram viel Aufmerksamkeit. Es lohnt sich also, ein bisschen zu gehirnstürmen. Aber mach dir nicht zu viel Druck: Du kannst deinen Namen im Laufe der Zeit fast überall noch ändern.

Tipp!

Mithilfe von Hashtags können Menschen deine Inhalte besser finden. Katzenbilder kannst du zum Beispiel mit „#catcontent“ versehen.

Die nächste große Entscheidung bezieht sich auf dein Profilbild: Soll die Welt dich genau erkennen? Möchtest du das Bild deiner Lieblingsfigur aus einem Film nutzen? Oder lieber eine Comicversion deines Gesichts zeichnen? Mit einer Illustration kannst du bestimmen, welcher Teil von dir besonders betont wird: vielleicht deine große Brille, deine bunten Haare, deine weiche Wampe? Deiner Fantasie sind hier keine Grenzen gesetzt.

Privatsphäre ist selbst dann wichtig, wenn du offen für neue Kontakte bist. Du kannst in den Einstellungen der jeweiligen Plattform festlegen, welche deiner Inhalte für alle sichtbar sind und welche erst durch deine Bestätigung – zum Beispiel durch eine bestätigte Freundschaftsanfrage. Auf Facebook kannst du die Leute auch in verschiedene Gruppen sortieren und dich ihnen gegenüber unterschiedlich offen präsentieren. Deine Familie sieht dann deine Urlaubsfotos, deine Kolleginnen aber nicht.

Wenn alle Rahmenbedingungen stehen, kann es losgehen: Hallo, Welt, hier bin ich! Ob du deine Plattform mit Texten, digitalen Mixtapes, deiner Kunst oder Katzenbildern betören möchtest, ist dir überlassen. Es ist dein Blog, dein Profil, dein Instagram-Account; das heißt, du bestimmst, was dort Platz hat und was nicht. Wofür du an der Schule gehänselt wirst, kann in Netz-Gemeinschaften gerade positiv sein: deine Herkunft, dein Körper, deine Fähigkeiten, deine Interessen, deine Queerness – steh zu dir selbst. Langfristig wird es dich sehr viel glücklicher machen. Gleichgesinnte zu finden bedeutet für viele, Menschen mit charakteristischen Macken und Schwächen kennenzulernen. Und es ist meist leichter, eine echte Verbindung mit Menschen herzustellen, die auch ein bisschen sympathisch unbeholfen sind – etwa über ihre eigenen Witze lachen oder eine Leidenschaft für Webserien haben –, als mit dem perfekten Cover-Girl.

Deine eigene Meinung ist ausdrücklich willkommen. Du darfst dich absolut über Dinge aufregen oder freuen. Perfekte, genormte Personen bekommen wir schon überall in den Medien zu sehen. Diese Schablonen passen nur für sehr wenige Leute. Ein Grund mehr, deine Internet-Repräsentation wahrheitsgemäß zu gestalten und du selbst zu sein. Deine Darstellung ist dann vollendet, wenn du dich mit ihr wohlfühlst.

Hengameh Yaghoobifarah, von der diese Anleitung und die Tipps zum Netzwerken im Netz stammen, bastelt schon seit mehr als einem Jahrzehnt an ihrer Netz-Repräsentation: Mit 14 Jahren legte sie ihr erstes Online-Profil an – auf MySpace. Seitdem hat sie über zahlreiche Profilbilder, Nicknames und Selbtbeschreibungen gegrübelt und viele ihrer engsten Freund_innen im World Wide Web kennengelernt. Sie ist Bloggerin, DJane und Online-Redakteurin beim „Missy Magazine". Mehr von ihr liest du auf teariffic.de & queervanity.com.

EIN ZIMMER FÜR DICH ALLEIN

Sicherer bloggen und twittern

Das Netz ist ein toller Ort, um dich mit Gleichgesinnten auszutauschen, kreativ oder politisch aktiv zu werden. Zugleich ist das Netz für Frauen, Mädchen und viele andere Menschen kein besonders sicherer Ort. Wer im Netz als weiblich (alternativ: als homosexuell, transsexuell oder Teil einer anderen Minderheit) erkennbar ist, wird mit höherer Wahrscheinlichkeit angegriffen und bedroht als jemand, der als heterosexueller Mann unterwegs ist. Die Polizei kann in solchen Fällen wenig ausrichten, weil die Angriffe anonym passieren und unser Rechtssystem der Technik hinterherhinkt: Cyber-Stalking im Netz bleibt dadurch viel zu oft unbestraft. Das heißt aber natürlich nicht, dass du dich aus dem Netz verdrücken solltest. Im Gegenteil! Gut gewappnet kannst du dir den Platz nehmen, der dir selbstverständlich zusteht.

Wichtig!
Wenn du im Netz (oder offline) sexistisch oder rassistisch angegriffen, bedroht oder beleidigt wirst, ist das nie deine Schuld! Die Machtverhältnisse in unserer Gesellschaft wirken im Netz ebenso wie im sonstigen Leben. Mach dir klar, dass es nicht an deinem Verhalten liegt und dass du mit diesem Problem nicht allein bist.

Reizwörter: Wenn du auf deinem Blog Begriffe wie „Feminismus" oder „Feministin" verwendest, finden dich andere, die nach diesen Begriffen suchen. Das ist toll, wenn dadurch Gleichgesinnte auf dich stoßen. Es führt aber auch jene zu dir, die dich für diese Überzeugungen angreifen wollen. Das heißt nicht, dass du diese Worte nicht verwenden sollst. Dein Blog ist dein Blog. Du machst dort, was du willst! Manche Bloggerinnen haben sich trotzdem entschieden, über Feminismus zu schreiben, ohne den Begriff „Feminismus" zu verwenden.

Regeln: Wenn du Kommentare auf deinem Blog zulassen willst, stelle von Anfang an auch Kommentarregeln auf. Es ist dein digitaler Raum, und du bestimmst, was hier erlaubt ist. Trolle (Menschen, die im Internet mit beleidigenden Kommentaren oder Drohungen provozieren wollen) suchen sich meist unerfahrene Bloggerinnen als Zielscheibe. Regeln und rigoroses Moderieren zeigen deinen Nutzerinnen von Anfang an, dass du hier die Chefin bist – und dass du inakzeptables Verhalten nicht dulden wirst.

Moderation: Moderiere die Kommentare auf deinem Blog, bevor sie online gehen – gleich von Anfang an. Falls du fürchtest, dafür keine Zeit zu haben: Viele Bloggerinnen moderieren nur den ersten Kommentar neuer Leserinnen und schalten danach alle weiteren Beiträge der Person automatisch frei.

Sammeln und Dokumentieren: Wenn du die Zeit hast, dokumentiere negative Vorfälle in einem „Giftschrank." Das kann ein Ordner in deinem E-Mail-Programm sein oder ein Textdokument. Dort kannst du beleidigende und bedrohliche Kommentare sammeln, ohne sie lesen zu müssen. Diese können später als Beweismaterial dienen, falls du irgendwann zur Polizei gehen willst.

Ausstellen: Du kannst Beleidigungen und Drohungen öffentlich posten. Im deutschsprachigen Raum sammelt die Webseite hatr.org solche Kommentare. Bloggerinnen haben auch die Webseite „Storify" (storify.com) genutzt, um problematische Tweets auszustellen. Das Ausstellen hilft, um Belästigungen, Diskriminierungen und Bedrohungen im Netz öffentlich zu dokumentieren. Andere Mädchen und Frauen können sehen, was dir passiert ist, und ihre Solidarität zeigen. Auch Wissenschaftlerinnen können dein Material verwenden, um zu diesem Problem zu forschen.

Vernetzen & solidarisch sein: Im Netz bist du nicht allein. Suche dir Hilfe und Unterstützung von anderen Bloggerinnen, noch bevor du in eine bedrohliche Situation kommst. Vernetze dich auf Twitter oder anderen Sozialen Netzwerken (mehr dazu in der Anleitung auf S. 77), auf Blogkonferenzen oder anderen Offline-Events. Stelle Fragen: Wie sind andere mit konkreten Vorfäl-

Auf Twitter, Facebook und anderen Sozialen Netzwerken: Nutze die „Ban"- und „Block"-Funktionen, um Beleidigungen und Angriffe im Keim zu ersticken. Melde solche Posts oder Tweets bei den Sozialen Netzwerken. Die Nutzungsbedingungen der Plattformen ändern sich häufig, und Vorfälle zu melden kann helfen, neue Regeln durchzusetzen, sodass solche Ausfälle nicht mehr toleriert werden.

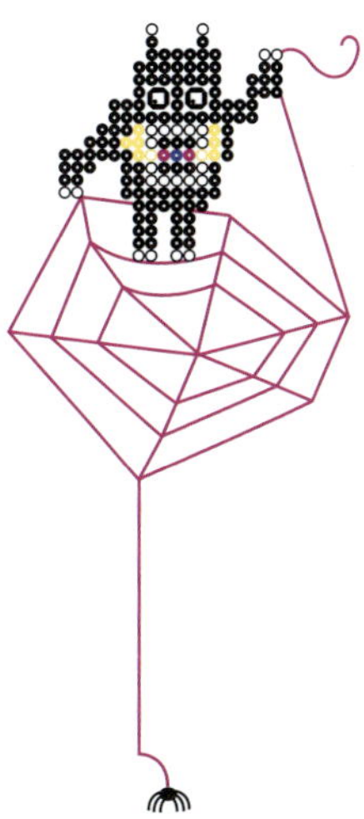

len umgegangen? Welche Möglichkeiten gibt es, zu reagieren? Ein gegenseitiges „Buddy-System" kann helfen, mit problematischen Kommentaren umzugehen. Lass eine befreundete Bloggerin Kommentare moderieren, auf die du selbst nicht reagieren möchtest. Sei im Gegenzug bereit, dasselbe für andere zu tun.

Die Polizei: Das Netz ist kein rechtsfreier Raum. Wenn du bedroht oder gestalkt wirst, egal ob im Netz oder offline, dann geh zur Polizei! Erkundige dich nach Beamtinnen, die sich mit Cyberkriminalität beschäftigen, und erstatte Anzeige. Manche Bloggerinnen berichten, dass die Polizei wenig unternommen hat, um ihnen zu helfen. In einigen Fällen hat es aber geholfen, Stalker zu stoppen. Und Vorfälle von Gewalt im Netz konsequent zu melden hilft, öffentlichen Druck aufzubauen – damit Gesetze sich ändern, die Polizei besser informiert ist und die Gesellschaft Bedrohungen, Diskriminierungen und Beleidigungen im Netz als Problem erkennt.

Machen! Schaffe deinen eigenen digitalen Raum! Bring deine Stimme ein! Und unterstütze andere Bloggerinnen oder Frauen, die mit dem Bloggen anfangen wollen. Es lohnt sich!

Geht doch!

Die britische Journalistin Caroline Criado-Perez hat mit einer Kampagne durchgesetzt, dass Jane Austen auf der 10-Pfund-Note zu sehen ist – und wurde dafür massiv auf Twitter bedroht. 2014 wurden zwei der Täterinnen und Täter zu einer mehrmonatigen Gefängnisstrafe verurteilt. Ein guter Anfang!

Stine Eckert forscht als Juniorprofessorin an der Wayne State University in Detroit zu Blogs, Sozialen Medien und wie Frauen und Minderheiten sie nutzen können, um ihre Stimme einzubringen. Zuletzt hat sie für ihre Doktorarbeit Bloggerinnen zu ihren Erfahrungen befragt und daraus diesen Leitfaden entwickelt. Mehr von Stine lest ihr hier: stineeckert.com

Ein starkes Passwort erstellen

Passwörter sind die erste und manchmal einzige Hürde zwischen deinen Daten und denjenigen, die sie lesen, kopieren oder löschen wollen. Es lohnt sich also, die Hürde so hoch wie möglich zu legen. Wer Zugang zu deinen Accounts haben will, soll sich wenigstens anstrengen müssen. Es gibt viele Wege, wie jemand dein Passwort herausfinden kann. Wenn du dich dagegen wehren willst, musst du schlauer sein.

du
1 bis 3 Stunden für den Anfang und dann regelmäßig ein paar Minuten, um deine Passwörter zu ändern
keine

Der erste Schritt ist, ein Passwort auszudenken, das schwer zu erraten oder zu knacken ist.

Mach es lang: Je länger und abwechslungsreicher, desto unwahrscheinlicher, dass ein Computer dein Passwort knacken kann. Zehn Zeichen oder mehr sind gut. Noch besser sind mehrere Wörter mit oder ohne Leerzeichen dazwischen, sogenannte „Pass Phrases". Verwende eine Kombination aus Klein- und Großbuchstaben, Zahlen und Sonderzeichen.

Mach es praktisch: Schreib dein Passwort nie auf. Wenn jemand diese Info in deinem Portemonnaie oder deiner Mülltonne findet, hast du ein verdammt großes Problem. Such dir also ein Passwort, das du behalten kannst, oder verwahre es sicher in einem digitalen Schlüsselbund (siehe S. 138).

Puh.

Mach's auf keinen Fall persönlich: Verwende nicht deinen Namen, den Namen deiner Familienmitglieder oder deines Hamsters. Auch nicht deinen Geburtstag, deine Adresse, oder etwas anderes, das man mit etwas Recherche in Erfahrung bringen kann. Du willst es den Ratefüchsen nicht zu einfach machen.

Behalt's für dich: Sage dein Passwort niemandem. Wiederhole: niemandem. Falls es sich nicht umgehen lässt, weil etwa eine Freundin dein Account benutzen muss, lege ein temporäres Passwort an und ändere es danach wieder. Achte auch darauf, wer dir über die Schulter schaut, während du dein Passwort eingibst.

Sei nicht faul: Auch wenn es verlockend ist, verwende nicht dasselbe Passwort für mehrere Accounts. Wer dein Passwort knackt, hat sonst Zugang zu all deinen Konten – und kann im schlimmsten Fall in deinem Namen Großeinkauf machen. Ändere deine Passwörter häufig. Je länger du ein Passwort behältst, desto mehr Zeit bleibt, es zu knacken. Und falls es unbemerkt geknackt wurde, kann derjenige es so lange verwenden, bis du es änderst.

Wenn du nicht gerade ein fotografisches Gedächtnis hast, wird es dich vor Herausforderungen stellen, dir all deine Passwörter zu merken. Mit diesen Tricks kannst dir auch lange Zeichenfolgen einprägen:

- Groß-/Kleinschreibung variieren: „koMMST hiEr Nicht VorBei"
- Nummern, Buchstaben und Symbole abwechseln: „mu3hSam ern43hRT s1ch dA3 e1chh03rnCH3n"oder „t1n@(t00Rner)
- verschiedene Sprachen kombinieren: „G1rls Just Want To H4v3 Sch()kokuch3N"
- einen Satz zu einer Zeichenfolge abkürzen. Aus „Ich musste so lachen, dass mir der Hut vom Kopf gefallen ist" wird dann etwa: „Imsl,dmdHvKgi".

Jede dieser Methoden wird die Komplexität deines Passwortes erhöhen und macht es wesentlich schwerer, dein Passwort zu erraten oder mit einer Software zu knacken.

Die Anstrengung lohnt sich, denn schon ein, zwei zusätzliche Zeichen oder eine Zahl mehr machen es wesentlich schwerer, dein Passwort zu knacken. In der Tabelle auf S. 139 siehst du, wie groß der Unterschied ist.

Du kannst dir wirklich nichts merken? Dann speichere deine Passwörter in einem digitalen Schlüsselbund, zum Beispiel KeePass (www.keepass.info). Stell dir das wie

Tipp!

Weitere Anleitungen, wie du deinen Computer gegen ungewollte Zugriffe abschirmst, sicher mit dem Smartphone kommunizierst oder deine Identität im Netz schützt, findest du auf der Seite „Security in a Box" des Tactical Technology Collectives: securityinabox.org einen normalen Schlüsselbund vor, an dem verschiedene Schlüssel befestigt sind. Auf einem USB-Stick kannst du ihn mitnehmen und wann immer du ein Passwort brauchst, suchst du den passenden Schlüssel raus. Der Schlüsselbund selbst ist durch ein Masterpasswort gesichert, deine Schlösser können also nur von dir aufgeschlossen werden.

⇨ Der große Vorteil: Du musst dir nicht mehr zig superkomplizierte Passwörter merken, sondern nur noch eins. Der große Nachteil: Wenn du dein Masterpasswort vergisst oder verlierst, hast du keine Möglichkeit mehr, an deine anderen Passwörter ranzukommen, und bist aus all deinen Accounts ausgesperrt – aua. Auch wenn du den Schlüsselbund versehentlich löschst oder verlierst (etwa, weil dein Computer geklaut wurde), siehst du alt aus. Mach dir also unbedingt Sicherheitskopien deines Schlüsselbundes, etwa auf einer Festplatte, die du sicher verwahrst. Solltest du eine der Kopien verlieren: nicht schlimm. Die Daten darauf sind verschlüsselt, sodass niemand, außer dir, sie lesen kann.

Passwort	So lange braucht ein normaler Computer, um es zu knacken	So lange braucht ein sehr schneller Computer, um es zu knacken
schokolade	Weniger als einen Tag	Weniger als einen Tag
schokoladenwurst	4 Tage	Weniger als einen Tag
Sch0k0l4d3nW00rst	3 Jahre, 11 Monate	7 Tage
Ich mag Wurst mit Schokolade	162 145 873 989 Jahrhunderte	1 621 458 740 Jahrhunderte
1ch m4g w00rsT m1t Sch0k0l4d3	12 768 628 924 056 Jahrhunderte	127 686 289 241 Jahrhunderte

Danke

Franz Becker, Angelika Beranek, Phill Besio, Verena Brüning, Manuel Carreon Lopez, Julian Dasgupta, Floor Drees/Rails Girls, Stine Eckert, Carolin Eichenlaub, Hannah Eismann, Titiksha Fernandes, Jule Fritzsche, Laura Gaetano/Rails Girls, Birte Goldt, Hannes Gruber, Lucie Höhler, Fieke Jansen, Pascal Jurt, Fiona Krakenbürger, Linda Kruse, Zora Kutz, Juliane Leopold, Friedrich Lindenberg, Henrike Lode, Tine Nowak, Victoria Pawlik, Jenny Pham, Caroline Pitzke, Priyanka Porwal, Steffi Rau, Martin Raue, Peter Rehak, Maria Reimer/Open Knowledge Foundation Deutschland e.V., Ole Reißmann, Jennifer Rieker, Kerstin Risse, Ruby Rogers, Becca Rose/Double Union, Gesche Roy, Annina Luzie Schmid, Henrike Schneider, Svenja Schröder, Almut Schwacke, Nadine Schwickart, Fabienne Serrière, Cosima Stahr, Moe Sugiyama, Tactical Technology Collective, TEDx, Tarik Tesfu, Henriette Vahl, Beatrice Wallis, Lena Weißmüller, Stefanie Wuschitz, Hengameh Yaghoobifarah. Dem Internet und all den Hackerinnen und Hackern da draußen, die es für uns besser machen.

Bildnachweise

Umschlag: JoeEsco/photocase.de, Franz Becker, Phill Besio, Daniela Burger, Jule Fritzsche, FemmeCurieuse/photocase.de, Verena Brüning, iStockphoto.com/william87, Andrew Dun, Craftimoko; S. 6: Steffi Rau; S. 7: Verena Brüning; S. 8: twinery.org, Franz Becker; S. 9: Verena Brüning, Chris Köver; S. 10: Demezou; S. 11: Henrike Lode, Verena Brüning, twinery.org; S. 12–15: Demezou, privat; S. 16 & 18: Henrike Lode; S. 20: kink/photocase.de; S. 22: Lohika ApS, Julian Dasgupta; S. 23–24 & 26: Verena Brüning; S. 25: the Good Evil GmbH; S. 28–29: twinery.org; S. 30: Craftimoko; S. 31: Becca Rose, Andrew Dun, Stefanie Wuschitz; S. 32–33: Craftimoko, Henrike Schneider; S. 34–35: sugru.com; S. 36: Becca Rose; S. 38: Silhouette; S. 39: Becca Rose; S. 39: Becca Rose, privat; S. 40: Victoria Pawlik, etib.org; S. 41: privat; S. 42: JoeEsco/photocase.de; S. 43: photograph Andrew Dun; S. 46: privat; S. 47: Stefanie Wuschitz; S. 48–49: fritzing.org, Stefanie Wuschitz; S. 50: TEDx; S. 53: Verena Brüning, Daniela Burger; S. 54: Verena Brüning; S. 57: privat; S. 58: Daniela Burger; S. 61: Peter Rehak; S. 62: Verena Brüning; S. 64: privat; S. 66: Caroline Pitzke; S. 71: Nadine Schwickart; S. 72–73: Phill Besio, Verena Brüning; S. 75: Verena Brüning; S. 79: privat; S. 81: Phill Besio; S. 83 & 87: Watercolor portrait of Ada King: Countess of Lovelace (Ada Lovelace), Alfred Edward Chalon, 1840, Science & Society Picture Library; S. 83 & 97: Babbages Analytical Engine: 1834–1871, (9660574685), Science Museum London/Science and Society Picture Library; S. 83: Ruby, Fabienne „fbz" Serriere; S. 86: privat; S. 88–89: © tumblr; S. 90: privat; S. 93–94: Ruby; S. 96: Manuel Carreon Lopez; S. 98: Fabienne „fbz" Serriere; S. 101: privat; S. 102: Chris Köver, Daniela Burger; S. 103: Verena Brüning, Audacity; S. 104: Chris Köver; S. 105–106: Chris Köver & Inkscape; S. 108–113: Daniela Burger; S. 114: Verena Brüning; S. 118: Audacity; S. 119: privat; S. 120: FemmeCurieuse/photocase.de, himberry/photocase.de; S. 120: iStockphoto.com/william87; S. 125: himberry/photocase.de; S. 127: Daniela Burger; S. 128: JoeEsco/photocase.de; S. 130: iStockphoto.com/Merbe; S. 131: iStockphoto.com/william87; S. 133: privat; S. 136: privat; S. 139: boing/photocase.de.

Sonja Eismann
Chris Köver
MACH'S SELBST
Do it Yourself für Mädchen
BELTZ & Gelberg

SONJA EISMANN
CHRIS KÖVER
DANIELA BURGER
GLÜCKWUNSCH
DU BIST EIN MÄDCHEN
EINE ANLEITUNG ZUM KLARKOMMEN
yeah
BELTZ & Gelberg